"十四五"职业教育国家规划教材

"十三五"职业教育国家规划教材

高等职业教育云计算系列教材

云操作系统
（OpenStack）
（第2版）

李　腾　武春岭　主　编

路　亚　杨　睿　郭伟杰　副主编

電子工業出版社
Publishing House of Electronics Industry
北京 · BEIJING

内 容 简 介

本书从云计算的概念入手，讲述云计算的现状与未来发展趋势、整体架构、安装部署、代码剖析及扩展开发等内容。书中以 OpenStack（Train）为蓝本，使用 VMware 模拟实际的物理平台，利用案例分析来选择符合实际要求的架构，并在此基础上介绍 OpenStack 核心组件的手工和自动化部署；读者通过对 OpenStack 主流服务的学习，能够掌握对云上环境的运维和配置。本书详细介绍了 OpenStack 的部署和基本使用，包括对 OpenStack 配置文件进行修改定制；同时选择当前主流的业务使用环境进行实训，强调实践操作，力求使读者能熟练运用以 OpenStack 平台为核心的生态圈。

本书为强化现代化建设人才支撑，秉持“尊重劳动、尊重知识、尊重人才、尊重创造”的思想，以人才岗位需求为目标，突出知识与技能的有机融合，让学生在学习过程中举一反三，创新思维，以适应高等职业教育人才建设需求。本书适合高职高专和应用型本科学生学习，也可作为从事“云计算”领域工作相关技术人员的参考用书。

图书在版编目（CIP）数据

云操作系统：OpenStack / 李腾，武春岭主编. —2 版. —北京：电子工业出版社，2023.7
高等职业教育云计算系列教材
ISBN 978-7-121-44959-8

Ⅰ. ①云…　Ⅱ. ①李…　②武…　Ⅲ. ①云计算－高等职业教育－教材　Ⅳ. ①TP393.027

中国国家版本馆 CIP 数据核字（2023）第 016271 号

责任编辑：潘　娅　　文字编辑：徐　萍
印　　刷：涿州市京南印刷厂
装　　订：涿州市京南印刷厂
出版发行：电子工业出版社
　　　　　北京市海淀区万寿路 173 信箱　邮编 100036
开　　本：787×1 092　1/16　印张：12.25　字数：337 千字
版　　次：2017 年 9 月第 1 版
　　　　　2023 年 7 月第 2 版
印　　次：2024 年 8 月第 3 次印刷
印　　数：2 000 册　　定价：42.00 元

凡所购买电子工业出版社图书有缺损问题，请向购买书店调换。若书店售缺，请与本社发行部联系，联系及邮购电话：（010）88254888，88258888。

质量投诉请发邮件至 zlts@phei.com.cn，盗版侵权举报请发邮件至 dbqq@phei.com.cn。

本书咨询联系方式：（010）88254570，xujj@phei.com.cn。

序言
Introduction

时至今日，在金融服务、在线教育、社交媒体、移动支付等领域，云计算已经走入寻常百姓家，成为这个时代的“新常态”。大数据的存储、处理和利用需要依靠云计算来进行，而人工智能也需要云计算来提供其发展和革新所需的算力，以及用于提高学习和应用能力的数据。云计算、大数据和人工智能之间有着本质的联系，也有着可相互融合的特质和趋势。云计算的分布式处理、分布式数据库、云存储和虚拟技术，可以辅助海量数据的存储、计算和加工，并依据人工智能的需求来提取和使用数据，最终形成对多个行业的应用能力。云计算作为国家“互联网+”战略的核心基础，必将呈现出巨大的产业发展活力和人才需求态势。

云计算自 2006 年由 Google 首席执行官 Eric Schmidt 正式提出，走过了 2006—2010 年的形成期、2010—2015 年的发展期、2015—2020 年的应用期，如今已经迈入成熟期。目前，阿里巴巴、腾讯、电信天翼、华为、百度、亚马逊、微软等网络运营商均提供自己的公有云服务。近年来，国家出台多项支持与促进云计算产业发展的政策，积极推动云计算产业宏观政策环境的良好建立。2015 年 1 月国务院发布《关于促进云计算创新发展培育信息产业新业态的意见》，2017 年工业和信息化部印发《云计算发展三年行动计划（2017—2019 年）》，2018 年工业和信息化部印发《推动企业上云实施指南（2018—2020 年）》，2019 年国家网信办等四部门发布《云计算服务安全评估办法》。

面对云计算及相关领域产业的快速发展和企业对领域人才需求量的持续增多，人力资源和社会保障部、国家市场监督管理总局、教育部等人才建设有关部门相继出台相关政策与计划，加强人才数量和质量的双重建设。2019 年 4 月，人力资源和社会保障部等部门正式向社会发布了 13 个新增职业，其中 6 个岗位与云计算及其相关领域直接相关，相对应的专业也已于近年进行重点建设。教育部在新近发布的人才培养意见中，将云计算及相关领域专业定为需大力推进的战略性新兴产业相关学科专业，为产业提供高质量人才储备。自 2015 年 10 月教育部将“云计算技术与应用”专业列入高职专业目录以来，截至 2021 年，全国共有 327 所高职院校开设了“云计算技术与应用”专业。

本书通过借鉴云计算行业企业前沿技术与项目开发实践，基于开源私有云 OpenStack 架构，通过对平台中各类基础服务、认证服务、镜像服务、计算服务、网络服务、存储服务、可视化服务等的学习，强化读者对 Linux Shell、OpenStack 云计算基础平台技术、虚拟化技术、云网络技术、云存储技术、云运维技术等核心技术能力的掌握。课程设计遵循“项目引导、任务驱动”原则，突出工程实践能力与职业竞争力的培养，满足高职高专“云计算技术与应用”专业技能人才培养目标的要求。

本系列教材由重庆电子工程职业学院教师和阿里云计算有限公司、腾讯云计算（北京）有限责任公司、华为云计算技术有限公司、重庆千变科技有限公司一线工程师共同编写，不仅可作为高职院校云计算相关专业的课程教材，也可作为云计算行业岗位人才培训教材或参考资料。我们相信，在技术进步和市场竞争与整合的推动下，云计算走过了炒作期，已被视为科技界的下一次革命，成为推动生产进步、革新商业模式的重要技术。基于过去十余年的良好发展态势，云计算将成为企业刚需，跨入繁荣的产业发展热潮。

云计算技术日渐成熟，随着其与人工智能、大数据、VR技术的融合发展，云计算应用领域将进一步拓展，产业规模将不断扩大，对各类人才尤其是技能型应用人才的需求将持续增长。本系列教材的出版必将为“云计算技术与应用”专业建设和人才培养起到积极的推动作用。

中国通信工业协会信息安全与云计算校企联盟

前言
Preface

随着物联网、互联网的迅速发展，网络上流动的海量数据时刻需要处理，而传统的技术已无法满足当前的需要。云计算作为新一轮的信息技术革命，使得大量的应用运行在云端，许多企业、高校和政府部门也会根据实际需求建立自己的云平台。这些云可以在企业内部根据不同的部门、不同的业务或不同的租户来定制和分配所需的资源。虚拟化是云计算的底层技术和核心内容，能够有效地整合资源、降低能耗，并充分提高硬件的利用率；此外，还能简化管理，提高数据中心的容灾能力。由于这些显著的优势，越来越多的企业使用虚拟化技术来搭建自己的私有云平台。在众多的虚拟化产品中，OpenStack“开源、开放、免费”的特点深深吸引着诸多企业，仅需投入很少的费用就能建设一套低成本、不受厂商技术绑定、不侵犯知识产权的虚拟化或私有云平台，对于许多企业充满着无法抵御的诱惑。

本书为强化现代化建设人才支撑，秉持“尊重劳动、尊重知识、尊重人才、尊重创造”的思想，以人才岗位需求为目标，突出知识与技能的有机融合，让学生在学习过程中举一反三，创新思维，以适应高等职业教育人才建设需求。

本书从云计算的概念入手，讲述云计算的现状与未来发展趋势、整体架构、安装部署、代码剖析及扩展开发等内容。书中以 OpenStack（Train）为蓝本，使用 VMware 模拟实际的物理平台，利用案例分析来选择符合实际要求的架构，并在此基础上介绍 OpenStack 核心组件的手工和自动化部署；读者通过对 OpenStack 主流服务的学习，能够掌握对云上环境的运维和配置。本书详细介绍了 OpenStack 的部署和基本使用，包括对 OpenStack 配置文件进行修改定制；同时选择当前主流的业务使用环境进行实训，强调实践操作，力求使读者能熟练运用以 OpenStack 平台为核心的生态圈。

为了使读者在学习时能直观地了解每个步骤的结果，本书对每个命令执行完的界面（窗口）都进行了完整的展示，故对展示的界面（窗口）没有按章排序编号和给出图题。

本书由重庆电子工程职业学院的李腾、武春岭担任主编，重庆电子工程职业学院的路亚、杨睿和阿里云计算有限公司郭伟杰担任副主编。腾讯云计算（北京）有限责任公司、华为云计算技术有限公司和重庆千变科技有限公司的工程师参与了本书的案例设计和案例测试，在此表示衷心的感谢。重庆青年职业技术学院的陈易、重庆电子工程职业学院的张科伦、雷轶鸣和重庆千变科技有限公司的张明刚、曹恬野等在本书的编写过程中一直参与案例测试和文字校对工作，在此也一并表示感谢。

为了方便教师教学，本书配有电子教学课件，请有此需要的教师登录华信教育资源网（www.hxedu.com.cn）注册后免费进行下载，如有问题可在网站留言板留言或与电子工业出版社联系（E-mail：hxedu@phei.com.cn）。

虽然我们精心组织、努力工作，但错误之处在所难免；同时由于编者水平有限，书中也存在诸多不足之处，恳请广大读者批评、指正，以便在今后的修订中不断改进。

编　者

目录
Contents

第1章

云计算概述

学习目标

知识目标

- 理解云计算的概念
- 了解云计算体系架构
- 了解云计算平台 OpenStack

技能目标

- 掌握云计算基本概念
- 掌握当前主流云计算体系架构
- 掌握 OpenStack（Train）版本架构

素质目标

- 注重职业精神
- 厚植职业理念
- 践行理实一体
- 培养创新能力

项目引导

12306 作为中国铁路官方售票渠道，在 2015 年以前，每年春节前后都会面临一次业务系统的巨大挑战——春运售票。2015 年春运火车票大数据显示，此次春运售票最高峰出现在 2014 年 12 月 19 日，当天开售腊月二十八的车票（2015 年 2 月 16 日），12306 网站单日访问量（PV 值）达到破纪录的 297 亿次。

随着智能手机和 4G 网络的普及，互联网购票以其操作便捷、无须排队的优势，令越来越多的人在春运时选择互联网购票。12306 售票流程涉及复杂的逻辑计算，为了应对海量用户的访问，保障系统的正常使用，12306 只能不断地进行硬件扩展，即便这不是长远的解决方案。

进入 2015 年，阿里巴巴开始免费为 12306 提供技术支持，这些年来，12306 分批地将高频次访问的业务通过阿里云来部署，在减少本地硬件扩展开销的同时提高了春运时期12306的用户体验。在2020年12306春运时期秒均访问量已突破百万级。云计算所提供的全方位支持，帮助12306经受住了巨大的流量冲击。

云计算“按需使用，按量付费”的模式已成为互联网厂商和IT架构师们的首选。

相关知识

1.1 云计算简介

从20世纪40年代世界上第一台电子计算机诞生至今，已经过去了半个多世纪。在这几十年里，计算模式经历了单机、终端—主机、客户端—服务器几个重要时代，发生了翻天覆地的变化。在过去的几十年里，互联网将全世界的企业与个人连接了起来，并深刻地影响着每个企业的业务运作及每个人的日常生活。用户对互联网内容的贡献空前增加，软件更多地以服务的形式通过互联网被发布和访问，而这些网络服务需要海量的存储和计算能力来满足日益增长的业务需求。

互联网使得人们对软件的认识和使用模式发生了潜移默化的改变。计算模式的变革必将带来一系列的挑战。如何获取海量的存储和计算资源？如何在互联网这个无所不包的平台上更经济地运营服务？各种新的IT技术对各行业将会产生怎样的影响？如何才能使互联网服务更加敏捷、更随需应变？如何让企业和个人用户更加方便、透彻地理解与运用层出不穷的服务？“云计算”正是顺应这个时代大潮而诞生的信息技术理念。目前，无论是信息产业的行业巨头还是新兴科技公司，都把云计算作为企业发展战略中的重要组成部分。云计算的号角已经吹响，势不可当。本章将解释什么是云计算，介绍云计算的发展历史与特征优势，阐述云计算的体系结构，剖析已成为开源云计算的事实标准的OpenStack，最后展示一些经典的云计算解决案例。

1.1.1 云计算的概念与特征

随着云计算不断发展成熟，云计算已成为各大厂商不断追逐的对象，Salesforce在2008年年初推出了随需应变平台DevForce，提供一套全面的云计算架构；在洛杉矶举办的微软专业开发者大会上，微软推出了备受期待的云计算平台Windows Azure，以提供微软各大软件的网络版本应用；Sun实施云计算Insight挑战Live Mesh；IBM在中国无锡太湖新城科教产业园为中国的软件公司建立了第一个云计算中心……如今只要搜索“云计算”，就会出现数不胜数的信息，对云计算的定义也有多种说法。对于到底什么是云计算，至少可以找到100种解释，很多学者和机构都对云计算赋予了不同的比喻和内涵。

维基百科认为云计算是一种能够将动态伸缩的虚拟化资源通过互联网以服务的方式提供给用户的计算模式，用户不需要知道如何管理那些支持云计算的基础设施。

Whatis.com认为云计算是一种通过网络连接来获取软件和服务的计算模式，云计算使用户可以获得使用超级计算机的体验，用户通过笔记本电脑与手机上的瘦客户端接入云中获取需要的资源。

中国云计算专委会认为，云计算最基本的概念是：通过整合、管理、调配分布在网络各处的计算资源，并以统一的界面同时向大量用户提供服务。借助云计算，网络服务提供者可以在瞬息之间，处理数以千万计甚至亿计的信息，实现和超级计算机同样强大的效能，同时，用户可以按需计量地使用这些服务，从而实现让计算成为一种公用设施来按需而用的梦想。

国家标准与技术研究院定义云计算是一种按使用量付费的模式，这种模式提供可用的、便捷的、按需的网络访问，进入可配置的计算资源共享池（资源包括网络、服务器、存储、应用软件、服务），这些资源能够被快速地提供，只需投入很少的管理工作，或与服务供应商进行很少的交互。

总的来说，在云计算中，IT 业务通常运行在远程的分布式系统上，而不是在本地计算机或者单个服务器上。这个分布式系统由互联网相互连接，通过开放的技术和标准把硬件和软件抽象为动态可扩展、可配置的资源，并对外以服务的形式提供给用户。该系统允许用户通过互联网访问这些服务，并获取资源。服务接口将资源在逻辑上以整合实体的形式呈现，隐蔽其中的实现细节。该系统中业务的创建、发布、执行和管理都可以在网络上进行，而用户只需要按资源的使用量或者业务规模付费。好比是从古老的单台发电机模式转向了电厂集中供电的模式。它意味着计算能力也可以作为一种商品进行流通，就像煤气、水电一样，取用方便，费用低廉。最大的不同是，它是通过互联网进行传输的。

云计算是并行计算（Parallel Computing）、分布式计算（Distributed Computing）和网格计算（Grid Computing）的发展，或者说是这些计算科学概念的商业实现。云计算是虚拟化（Virtualization）、效用计算（Utility Computing）、将基础设施作为服务（Infrastructure as a Service，IaaS）、面向服务的架构（SOA）等概念混合演进并跃升的结果。

1.1.2 云计算的发展历史

云计算主要经历了 4 个阶段才发展到现在这样比较成熟的水平，这 4 个阶段依次是电厂模式、效用计算、网格计算和云计算。

（1）电厂模式阶段。电厂模式就好比利用电厂的规模效应来降低电力的价格，让用户使用起来更方便，并且不需要维护和购买任何发电设备。

（2）效用计算阶段。在 1960 年左右，计算设备的价格是非常高昂的，远非普通企业、学校和机构所能承受，所以很多人产生了共享计算资源的想法。1961 年，人工智能之父约翰·麦卡锡在一次会议上提出了“效用计算”这个概念，其核心借鉴了电厂模式，具体目标是整合分散在各地的服务器、存储系统及应用程序来共享给多个用户，让用户能够像把灯泡插入灯座一样来使用计算机资源，并且根据其所使用的量来付费。但由于当时整个 IT 产业还处于发展初期，很多强大的技术还未诞生，比如互联网等，所以虽然这个想法一直为人称道，但是总体而言“叫好不叫座”。

（3）网格计算阶段。网格计算研究如何把一个需要非常巨大的计算能力才能解决的问题分成许多小的部分，然后把这些部分分配给许多低性能的计算机来处理，最后把这些计算结果综合起来攻克大问题。可惜的是，由于网格计算在商业模式、技术和安全性方面的不足，使得它并没有在工程界和商业界取得预期的成功。

（4）云计算阶段。云计算的核心与效用计算和网格计算非常类似，也是希望 IT 技术能像使用电力那样方便，并且成本低廉。但与效用计算和网格计算不同的是，云计算于 2014 年在需求方面已经有了一定的规模，同时在技术方面也已经基本成熟了。

目前，云计算技术正处于高速发展阶段。全球各大 IT 巨头都倾注巨资围绕云计算展开了激烈角逐。Google在云计算方面已经走在众多IT公司的前面，它对外公布的云计算科技主要有MapReduce、GFS（Google File System，Google文件系统）及BigTable。从2007年开始，微软公司也在美国、爱尔兰、冰岛等地投资几十亿美元建设其用于“云计算”的“服务器农场”，每个“农场”占地都超过7个足球场，集成几十万台计算机服务器田。IBM的蓝云计算平台是一个企业级的解决方案，它为企业客户搭建分布式、可通过互联网访问的云计算体系，整合了IBM自身的Tivoli、VMware虚拟化软件及Hadoop开源分布式文件系统，由数据中心、管理软件、监控软件、应用服务器、数据库及一些虚拟化的组件共同组成。亚马逊的云计算名为Amazon Web Services（亚马逊网络服务），目前主要由4块核心服务组成：Simple Storage Service（简单存储服务，S3）、Elastic Compute Cloud（弹性计算云，EC2）、Simple Queue Service（简单排列服务）、Simple DB（简单数据库）。其他公司（如雅虎、Sun和思科等）围绕“云计算”也都有重大举措。

1.1.3 云计算的优势

云计算的特点和优势有：快速满足业务需求；低成本，绿色节能；提高了资源利用和管理效率。云计算极大地提高了互联网应用的用户体验度，同时具备极低的成本。本节将从三个方面详细阐述云计算的优势。

1. 快速满足业务需求

1）轻松、快速地获取服务

公有云使用者，如中小企业，可直接通过网络购买服务，省去了购买软硬件和开发的环节，企业再也不需要将精力放在应该购买什么设备、应该怎么布线、应该什么时候更新软件这些和业务完全不相干的事情上了，所有的时间、精力和资金都可以完全投入业务中去，“好钢用在刀刃上”，云计算为企业的发展提供了极大的帮助。企业私有云提供的资源服务流程可为企业业务上线提供及时的资源支持。

2）灵活、可扩展

云计算提供的资源是弹性可扩展的，可以动态部署、动态调度、动态回收，以高效的方式满足业务发展和平时运行峰值的资源需求。众所周知，企业的规模是逐渐变大的，客户的数量是逐渐增多的，随着客户的增多，访问量也急速膨胀，但是应用并不会变慢也不会堵塞，这些都归功于云服务商不断为其提供更多的存储空间和更强的处理能力。当然，网络使用量也不是每时每刻都保持一致的，从晚上12∶00之后到第二天上午这段时间，除了“夜猫子”之外，基本上很少有人上网，而在晚上19∶00～22∶00的黄金时段，网络使用量又会达到峰值。“云”里的资源都可以动态分布，人多的时候，调配来的资源也会相应增多，不会浪费，也绝对不会难以满足需求。

2. 低成本、绿色节能

在海量数据处理等场景中，云计算以PC集群分布式处理方式替代小型机加盘阵的集中处理方式，可有效地降低建设成本。在激烈的商战中，赚钱当然是第一位，然而省钱也是另一种“生财之道”。Google中国区前总裁李开复曾说，如果没有云计算技术，Google每年购买设备的资金将高达640亿美元，而采用云计算技术后则为16亿美元。也就是说，Google只用了竞争对手1/40的成本，Google使用云存储后的存储成本是对手的1/30。

云计算通过虚拟化提高设备利用率，整合现有应用部署，降低设备数量规模。千千万万台计算机都是开着的，但真正的使用率又是多少，我们可能只是开着计算机听歌，或者仅仅是在写文件，CPU 的利用率都不到 10%，甚至有时候我们只是开着计算机耗电而已。可以设想，如果每台计算机都在浪费自己 90%的资源，那总量该是多么惊人！云计算和虚拟化结合在一起，就可以避免这样庞大的资源浪费。一台服务器可以虚拟成两个甚至更多的服务器，这听上去似乎难以理解，但却是事实。在客户眼中，似乎有处理文档服务器、邮件服务器、照片处理服务器，但其实这些都是由一台服务器完成的，它的 30%的资源去处理文档，30%的资源去处理照片……这样，这台服务器的潜力就得到了最大限度的挖掘。

云计算和虚拟化的结合提高了设备利用率，节省了设备数量，进而大大减少了用电量，在很大程度上促进了数据中心的绿色节能。

3. 提高资源管理效率

1）集中化管理

云计算采用虚拟化技术使得跨系统的物理资源统一调配、集中运维成为可能。当你在华尔街的办公室里利用 Google 寻找周边实惠的聚餐场所时，你只是发出了这个请求，可是在庞大的 Google 的计算机群里，你并不知道到底是哪几台计算机在为你服务。管理员只需通过一个界面就可以对虚拟化环境中的各个计算机的使用情况、性能等进行监控，发布一个命令就可以迅速操作所有的机器，而不需要在每台计算机上单独进行操作。

2）维护专业化

服务器和存储资源池的专业管理使维护人员可专注于特定领域的运维，有助于提高运维质量。IT 部门也不再需要关心硬件技术细节，而集中在业务、流程设计上。

3）系统部署和维护自动化程度提高

如果在云计算资源池中，以虚拟机方式部署应用，那么应用的上线、资源变更和物理设备切换等过程都将更加简单、高效。

1.2 云计算体系架构

作为一种新兴的计算模式，云计算能够将各种各样的资源以服务的方式通过网络交付给用户。云计算需要清晰的架构来实现不同类型的服务及满足用户对这些服务的各种需求。在云计算中，根据其服务集合所提供的服务类型，整个云计算服务集合被划分成 5 个层次：数据层、应用层、平台层、基础设施层和虚拟化层。这 5 个层次的每一层都对应一个子服务，云计算服务层次如图 1-1 所示。

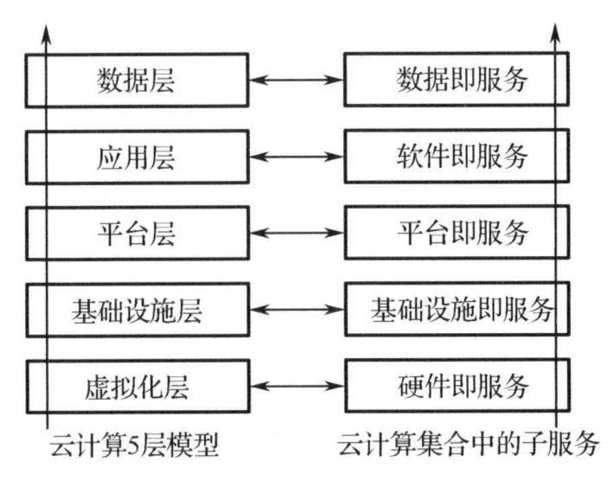

图 1-1 云计算服务层次

Sun 公司就云计算提出一个大家都比较认同的观点：云计算可描述从硬件到应用程序的任何传统层级提供的服务。实际上，云服务提供商倾向于提供可分为如下三个类别的服务：软件即服务（Software as a Service）、平台即服务（Platform as a Service）、基础设施即服务（Infrastructure as a Service）。在我国提出推行国家大数据战略后，数据即服务（Data as a Service）也逐渐发展成为行业数据服务的解决方案。在云计算服务体系结构中，各个层次与相关云产品相对应。

与此同时，云计算体系中也不断衍生出新的服务层次，如桌面即服务（Desktop as a Service）、容器即服务（Containers as a Service）等，它们属于不同需求背景下云计算服务提供商给出的解决方案。

1.2.1 基础设施即服务

基础设施即服务（IaaS）交付给用户的是基本的基础设施资源。用户无须购买、维护硬件设备和相关系统软件，就可以直接在 IaaS 层上构建自己的平台和应用。基础设施向用户提供虚拟化的计算资源、存储资源和网络资源。这些资源能够根据用户的需求进行动态分配。相对于软件即服务（SaaS）和平台即服务（PaaS），基础设施即服务所提供的服务比较偏底层，但使用也更为灵活，比如，IaaS 服务可根据用户需求，提供一台装有操作系统的虚拟机，用户可用此虚拟机来运行自己的业务。全球主流 IaaS 提供商有 Amazon、Microsoft、Vmware、Rackspace 和 Red Hat。

Amazon EC2 服务是 IaaS 的典型案例。它的底层采用 Xen 虚拟化技术，以 Xen 虚拟机的形式向用户动态提供计算资源。除了 Amazon EC2 的计算资源外，Amazon 公司还提供简单存储服务（Simple Storage Service，S3）等多种 IT 基础设施服务。Amazon EC2 的内部细节对用户是透明的，因此用户可以方便地按需使用虚拟化资源。Amazon EC2 向虚拟机提供动态 IP 地址，并且具有相应的安全机制来监控虚拟机节点间的网络，限制不相关节点间的通信，从而保障了用户通信的私密性。从计费模式来看，EC2 按照用户使用资源的数量和时间计费，具有充分的灵活性。

1.2.2 平台即服务

平台即服务（PaaS）交付给用户的是丰富的“中间件资源”，这些资源包括应用容器、数据库和消息处理等。因此，平台即服务面向的并不是普通的终端用户，而是软件开发人员，他们可以充分地利用这些开放的资源来开发定制化的应用。PaaS 公司在网上提供各种开发和分发应用的解决方案，比如虚拟服务器和操作系统。这节省了用户在硬件上的费用，也让分散的工作室之间的合作变得更加容易。一些大的 PaaS 提供者有 Google App Engine、Microsoft Azure、Force.com、Heroku、Engine Yard。最近兴起的公司有 AppFog、Mendix 和 Standing Cloud。

在 PaaS 上开发应用和传统的开发模式相比有着很大的优势。首先，由于 PaaS 提供的高级编程接口简单易用，因此软件开发人员可以在较短时间内完成开发工作，从而缩短应用上线时间；其次，由于应用的开发和运行都基于同样的平台，因此兼容性问题较少；再次，开发者无须考虑应用的可伸缩性、服务容量等问题，因为 PaaS 都已提供；最后，平台层提供的运营管理功能还能够帮助开发人员对应用进行监控和计费。

Google 公司的 Google App Engine 就是典型的 PaaS 实例。它向用户提供了 Web 应用开发平台。由于 Google App Engine 对 Web 应用无状态的计算和有状态的存储进行了有效的分离，并对 Web 应用所使用的资源进行了严格的分配，因此使得该平台上托管的应用具有很好的自动可伸缩性和高可用性。

1.2.3　软件即服务

软件即服务（SaaS）交付给用户的是定制化的软件，即软件提供方根据用户的需求，将软件或应用通过租用的形式提供给用户使用。SaaS 大多是通过网页浏览器接入的。任何一个远程服务器上的应用都可以通过网络来运行。用户消费的服务完全是从网页（如 Netflix、MOG、Google Apps、Box.net、Dropbox 或者苹果的 iCloud）那里进入这些分类。尽管这些网页服务是用作商务和娱乐或者两者都有，但这也算是云技术的一部分。一些用于商务的 SaaS 应用包括 Citrix 的 GoToMeeting，Cisco 的 WebEx，Salesforce 的 CRM、ADP、Workday 和 SuccessFactors。

SaaS 有三个特征。第一，用户不需要在本地安装该软件的副本，也不需要维护相应的硬件资源，该软件部署并运行在提供方自有的或者第三方的环境中；第二，软件以服务的方式通过网络交付给用户，用户端只需要打开浏览器或者某种客户端工具就可以使用服务；第三，虽然 SaaS 面向多个用户，但每个用户都感觉是独自占有该服务。

这种软件交付模式无论是在商业上还是技术上都是一个巨大的变革。对于用户来说，他们不再需要关心软件的安装和升级，也不需要一次性购买软件许可证，而是根据租用服务的实际情况进行付费，也就是“按需付费”。对于软件开发者而言，由于与软件相关的所有资源都放在云中，开发者可以方便地进行软件的部署和升级，因此软件的生命周期不再明显。开发者甚至可以每天对软件进行多次升级，而对用户来说这些操作都是透明的，他们感觉到的只是质量越来越完善的软件服务。

另外，SaaS 更有利于知识产权的保护，因为软件的副本本身不会提供给客户，从而减少了反编译等恶意行为发生的可能。Salesforce 公司是 SaaS 概念的倡导者，它面向企业用户推出了在线客户关系管理软件 Salesforce CRM，已经获得了非常积极的市场反响。Google 公司推出的 Gmail 和 Google Docs 等，也是 SaaS 的典型代表。

1.2.4　数据即服务

数据即服务（DaaS）是指与数据相关的任何服务都能够发生在一个集中化的位置，如聚合、数据质量管理、数据清洗等，然后再将数据提供给不同的系统和用户，而无须再考虑这些数据来自于哪些数据源。如以通用的天气信息为例，有的人根据天气信息来判断出门穿着，有的人根据天气信息判断是否洗车，还有的人根据天气信息判断是否准备防洪防涝设施等。不同用户均可利用 DaaS 满足自己的诉求。

DaaS 是 SaaS 的孪生兄弟，作为“as a Service”家族成员之一，它将数据作为一种商品提供给任何有需求的组织或个人。实现 DaaS 最有效的方法是基于 SOA（Service Oriented Architecture，面向服务的体系架构）。SOA 是一种业务驱动的、粗粒度、松耦合的服务架构，支持对业务进行整合，使其成为一种相互联系、可重用的业务任务或服务。异构数据资源经过数据整合后生成符合公共语言模式的视图，最后利用相关技术将视图封装成具有公共接口的服务供用户调用，从而实现数据资源的按需获取。

此外，通过对各类数据信息进行进一步加工形成信息组合应用，可以进一步盘活数据从而提升数据价值。这就像搭积木一样，对基础数据信息块以不同的方式进行组装，可以达到千变万化的效果。DaaS 服务已成为当下数字化转型的重要抓手。

1.2.5 容器即服务

容器技术就是将软件打包成标准化单元，以用于开发、交付和部署的技术。容器和虚拟机的区别是它更加轻量化，可以将其理解为进程级的虚拟机。容器即服务（CaaS）是指底层以容器为资源调度和分割的最小单元，为开发者提供构建和运行应用的一站式平台。现行的容器多指 Docker 容器，其前身是 LXC（Linux Container）。Docker 在 LXC 所提供的运行环境隔离技术上加入了容器镜像等一系列强大的功能，达到进程和资源相互独立、精准掌控各进程的资源分配的效果。这里底层的容器不仅仅限于 Docker 技术，还可以是其他容器引擎，如 CoreOS 公司的 rkt 技术。

容器云在传统云计算层次位置中介于 IaaS 和 PaaS 之间。当容器云对外提供容器应用编排部署时，它接近于 IaaS 层，可以类比于虚拟机；当容器云专注应用运行环境支撑时，它更接近于上层的 PaaS。

Google 公司内部早在十几年前就在大规模使用容器技术，构建了内部私有容器云。目前 Google 的 Search、Youtube、Gmail 等大部分业务都运行在容器上，其庞大的业务量需要每周几十亿的容器来承载。Google 也开源了容器集群管理工具 Kubernetes。Kubernetes 作为当前主流的容器编排工具，它为容器管理提供了完善的自动化机制与工具。Kubernetes 和 Docker 的结合，翻开了业务运维等领域的新篇章。

1.3 云计算平台 OpenStack 介绍

2015 年年初，Zenoss 完成的一份名为“2014 开源云计算解析”的市场调查显示，69%的用户已经不同程度地应用云计算技术，43%的用户花费大量资源在开源技术上。在这些选择了开源云的企业中，超过 86%的企业关注 OpenStack，并且这些数值在过去几年都在不断增长。排在第二位的 CloudStack 则被远远甩在后面，只有 44%的企业关注它。至于有着悠久历史的 Eucalyptus，则在 2014 年 9 月被 HP 收购，并且在最近整合进入 Helion 云产品线，但 OpenStack 仍在该产品线上占据统治地位。毫无疑问，OpenStack 是目前最火的开源软件，超过 585 家企业、接近 4 万人通过各种方式支持着这个超过 2000 万行的开源项目的持续发展。OpenStack 一直保持着高速增长的态势。据艾媒咨询统计，截至 2020 年，中国私有云市场已达到 804 亿元规模，OpenStack 仍是国内大部分 IaaS 服务提供商的首选。

OpenStack 是由网络主机服务商 Rackspace 和美国国家航空航天局（NASA）联合推出的一个开源项目，目的是制定一套开源软件标准，任何公司或个人都可以搭建自己的云计算环境（IaaS），从此打破了 Amazon 等少数公司的垄断，意义非凡。下面介绍 IaaS 主流平台 OpenStack，帮助读者在进行 OpenStack 平台搭建实践前增加一些基本的认识。

1.3.1 OpenStack 简介

OpenStack 是一整套开源软件项目的综合，它允许企业或服务提供者建立、运行自己的云计算和存储设施。Rackspace 与 NASA 是最初重要的两个贡献者，前者提供了“云文件”平台代码，该平台增强了 OpenStack 对象存储部分的功能；而后者带来了“Nebula”平台，形成了 OpenStack 其余的部分。而今，OpenStack 基金会已经有 700 多个会员，包括很多知名公司，如 Facebook、HUAWEI、TencentCloud 等。

OpenStack 由几个主要的组件组合起来完成具体工作。OpenStack 支持几乎所有类型的云环境，项目目标是提供实施简单、可大规模扩展、丰富、标准统一的云计算管理平台。OpenStack 通过各种互补的服务提供了基础设施即服务（IaaS）的解决方案，每个服务提供 API 以进行集成。

OpenStack 已经走过了 11 个年头。从最初只有两个模块（服务）Nova 和 Swift 到现在已经有 40 多个模块了，每个模块作为独立的子项目开发。OpenStack 每半年发布一个版本，版本以字母顺序命名，2020 年 10 月推出了第 22 个版本 Victoria。因为在编写本书之时，CentOS 开发团队已宣布在 2021 年停止维护 CentOS 8 版本，所以本书选择 CentOS 7 所支持的最高版本 Train。Train 版本完成了 Placement 功能到独立服务的过渡，可以独立于 Nova 进行使用。在 Train 中，服务响应时间比 Stein 发布前的 16.9 秒减少了 0.7 秒。与此同时，Train 版本也增加了对 AI/机器学习的加速器支持、增强了安全性和对数据的保护。由于本书基于 Train 版本，故后续案例和讲解仅针对 Train 版本所包含的内容。

OpenStack 具有下列关键特性。

（1）管理虚拟化的产品服务器和相关资源（CPU、Memory、Disk、Network），提高其利用率和资源的自动化分配（具有更高的性价比）。

（2）管理局域网（Flat、Flat DHCP、VLAN DHCP、IPv6）、程序配置的 IP 和 VLAN，能为应用程序和用户组提供灵活的网络模式；同时也提供网络的负载均衡服务，以提高服务的可靠性。

（3）带有比例限定和身份认证：这是为自动化和安全设置的，易于管理接入用户，阻止非法访问。

（4）分布式和异步体系结构：提供高弹性和高可用性系统。

（5）虚拟机镜像管理：提供易存储、引入、共享和查询的虚拟机镜像。

（6）云主机管理：提高生命周期内可操作的应用数量，从单一用户接口到各种 API。例如，一台主机虚拟的 4 台服务器，可以有 4 种 API 接口，管理 4 个应用。

（7）创建和管理云主机类型（Flavors）：为用户建立菜单使其容易确定虚拟机大小，并做出选择。

（8）iSCSI 存储容器管理（创建、删除、附加和转让容器）：数据与虚拟机分离，容错能力变强，更加灵活。

（9）在线迁移云主机。

（10）动态 IP 地址：注重管理虚拟机，保持 IP 和 DNS 正确。

（11）安全分组：灵活分配，控制接入云主机。

（12）按角色接入控制（RBAC）。

（13）通过浏览器的 VNC 代理：快速方便的 CLI administration。

（14）优秀的存储管理：具有对象存储 Swift、块存储 Cinder 和文件存储 Manila。

（15）完善的资源监控、报警机制，让运维更加轻松。

1.3.2 OpenStack 体系结构及服务组件

OpenStack 覆盖了网络、虚拟化、操作系统、服务器等各个方面。面对如此庞大的阵容，首先介绍 OpenStack 架构（如图 1-2 所示），了解架构里哪些核心模块负责管理计算资源、网络资源和存储资源，模块之间如何协调工作，以帮助我们站在高处看清楚事物的整体结构，避免过早地进入细节而迷失方向。

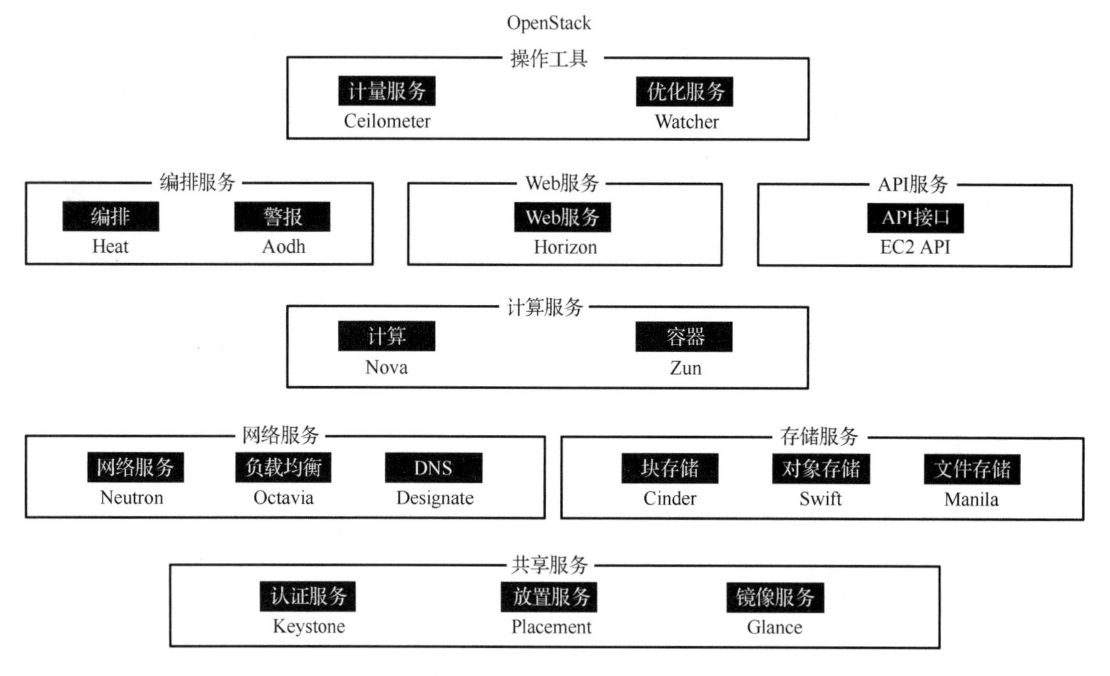

图 1-2　OpenStack 架构

计算（Compute）：Nova。它是最核心的。最开始的时候，Nova 可以说是一套虚拟化管理程序，还可以管理网络和存储。现在 Nova 是一套控制器，用于为单个用户或使用群组管理云主机的整个生命周期，根据用户需求来提供虚拟服务。负责虚拟机的创建、开机、关机、挂起、暂停、调整、迁移、重启、销毁等操作，配置 CPU、内存等信息规格。自 Austin 版本起集成到项目中。

对象存储（Object Storage）：Swift。一套用于在大规模、可扩展系统中通过内置冗余及高容错机制实现对象存储的系统，允许进行存储或者检索文件。可为 Glance 提供镜像存储，为 Cinder 提供卷备份服务。自 Austin 版本起集成到项目中。Swift 是对象存储的组件。对于大部分用户来说，Swift 不是必需的，只有存储数量到一定级别，而且是非结构化数据才有这样的需求。Swift 是 OpenStack 所有组件里最成熟的，可以在线升级版本，各种版本可以混合在一起，也就是说，1.75 版本的 Swift 可以和 1.48 版本的 Swift 混合在一个群集里，这是很难得的。

镜像服务（Image Service）：Glance。一套虚拟机镜像查找及检索系统，支持多种虚拟机镜像格式（AKI、AMI、ARI、ISO、QCOW2、Raw、VDI、VHD、VMDK），有创建上传镜像、删除镜像、编辑镜像基本信息的功能。自 Bexar 版本起集成到项目中。目前，Glance 的最大需求就是多个数据中心的镜像管理，不过这个功能已经基本实现。还有就是租户私有的 Image 管理，这些功能目前都已经实现。

认证服务（Identity Service）：Keystone。这是提供身份认证和授权的组件。对于任何系统，身份认证和授权其实都比较复杂。尤其是对于 OpenStack 这么庞大的项目，每个组件都需要使用统一认证和授权。Keystone 为 OpenStack 其他服务提供身份验证、服务规则和服务令牌的功能，管理 Domains、Projects、Users、Groups、Roles。自 Essex 版本起集成到项目中。Keystone 还需要提供更多的功能，如基于角色的授权、Web 管理用户等。

网络服务（Network Service）：Neutron。提供云计算的网络虚拟化技术，为 OpenStack 其他服务提供网络连接服务。为用户提供接口，可以定义 Network、Subnet、Router，配置 DHCP、DNS、负载均衡、L3 服务，网络支持 GRE、VLAN。插件架构支持许多主流的网络厂家和技术，如 OpenvSwitch。自 Folsom 版本起集成到项目中。

块存储（Block Storage）：Cinder。这是存储管理的组件。Cinder 存储管理主要是指虚拟机的存储管理。为运行云主机提供稳定的数据块存储服务，它的插件驱动架构有利于块设备的创建和管理，如创建卷、删除卷，在云主机上挂载和卸载卷。自 Folsom 版本起集成到项目中。

UI 界面（Dashboard）：Horizon。OpenStack 中各种服务的 Web 管理门户，用于简化用户对服务的操作，使用这个 Web GUI，可以在云上完成大多数操作，如启动云主机、分配 IP 地址、配置访问控制等。自 Essex 版本起集成到项目中。

放置服务（Placement Service）：Placement。Placement 是一个 OpenStack 服务，它提供了一个基于 HTTP 的 API，用于跟踪云资源库存和帮助其他服务有效地管理和分配资源。自 Stein 版本起集成到项目中。

部署编排（Orchestration）：Heat。Heat 提供了一种通过模板定义的协同部署方式，实现云基础设施软件运行环境（计算、存储和网络资源）的自动化部署。自 Havana 版本起集成到项目中。

文件存储（Shared Filesystems）：Manila。Manila 是 OpenStack 共享文件系统服务，用于提供共享文件系统即服务。它的目标是提供一个高可用、容错、易恢复、开放的共享文件系统的解决方案。

负载均衡（Load Balancer）：Octavia。Octavia 是与 OpenStack 一起使用的开源并且针对运营商规模的负载平衡解决方案。Octavia 诞生于 Neutron LBaaS 项目。Octavia 通过管理一组虚拟机、容器或裸机服务器（统称为 Amphorae）来完成其负载平衡服务的交付，并按需启动。这种按需的水平扩展功能将 Octavia 与其他负载平衡解决方案区分开来，从而使 Octavia 真正“适用于云”。

DNS 服务（DNS Service）：Designate。Designate 是一项 OpenStack 服务，它允许用户和操作员通过 REST API 管理 DNS 记录、名称和区域，并且可以配置现有的 DNS 名称服务器以包含这些记录。运营商还可以将 Designate 配置为与 OpenStack 网络服务（Neutron）和计算服务（Nova）集成，以便在分别创建浮动 IP 和计算实例时自动创建记录，并使用 OpenStack 身份服务（Keystone）进行用户管理。

容器服务（Containers Service）：Zun。Zun 是 OpenStack 容器服务，旨在为运行应用程序的容器提供 API 服务，而无须管理服务器或集群。

计量服务（Metering & Data Collection Service）：Ceilometer。Ceilometer 项目是一种标准化

的数据收集服务，它实现了跨 OpenStack 的组件搜集数据的能力，同时也支持未来的组件扩展。Ceilometer 是遥测项目的组成部分。其数据可用于在所有 OpenStack 核心组件中提供客户计费、资源跟踪和警报功能。

警报服务（Alarming Service）：Aodh。当收集的计量或事件数据违反定义的规则时，遥测警报服务将触发警报。

API 服务（EC2 API Proxy）：EC2 API。该项目提供独立的 EC2 应用编程接口服务。

优化服务（Optimization Service）：Watcher。OpenStack Watcher 为 OpenStack 的使用者提供了灵活且可扩展的资源优化服务。Watcher 提供了完整的优化循环——包括指标接收器、复杂事件处理器、事件探查器、优化处理器及行动计划执行者的所有内容。这提供了一个强大的框架来实现广泛的云优化目标，包括降低数据中心的运营成本，通过智能虚拟机迁移提高系统性能，提高能源效率，等等。

1.4 云计算解决方案

1. 沃尔玛

沃尔玛一直通过采用先进技术推动企业发展。它是最早向供应商开放库存系统的企业之一。它还是在互联网出现之前第一家使用卫星通信连接商店网络的公司。如今，它又在云计算方面投入了大量资金。2014 年 8 月，沃尔玛将整个电子商务栈搬到在 Canonical 公司的 Ubuntu Linux 操作系统上运行的 OpenStack 上。大家想到零售巨头沃尔玛时，大多会想到物美价廉的商品，或是沃尔玛提供的方便，可能不会想到沃尔玛供应链“天天低价”背后的软件正是 OpenStack。

沃尔玛是一个在砖瓦型实体大楼里做生意的零售商，每年的收入达 4800 亿美元。沃尔玛发展迅速，其中“沃尔玛全球电子商务”（Walmart Global eCommerce）首当其冲。沃尔玛全球电子商务每年的增长速度超过 30%，同时，若要保持供应链的运行并能以非常低的价格提供商品，沃尔玛就需要有软件可以在 27 个国家内每星期跟踪 11 000 家店里的 2.45 亿个客户。而且，沃尔玛也在迈向电子商务 3.0，该公司拥有 11 个电子商务网站，2015 年 3 月沃尔玛的线上访问人次达 8910 万次，这些均由电子商务网站处理。其客户希望，在家用计算机、手机、平板，甚至沃尔玛零售商店内的查询机上使用沃尔玛的电子商务平台时能获得相同的体验。

为了满足这种需求，沃尔玛需要的技术堆栈在规模上必须：具有可扩展性，以期能满足爆炸性的需求；具有足够的灵活性，以构建应用程序适应不断变化的用户喜好；具有足够的大数据智慧，以预测客户想要的东西和为客户提供建议。在沃尔玛看来，使用云计算不仅能使用大量的商用机器代替价格昂贵的大型机器，还可以大大降低基础设施成本，云的分布式架构提供了更高的弹性和可靠性。于是，沃尔玛决定构建一个弹性云，使用面向服务的架构运行应用程序。对于云平台的选择，沃尔玛希望云平台可以使其能够快速构建所有类型的应用程序，包括移动应用、Web 应用和 RestFul API；使产品经理能够以敏捷方式迭代；使沃尔玛能够更高效地响应客户需求。

经过长时间的考虑后，沃尔玛在 2014 年 8 月将该项技术的“赌注”压在 OpenStack 上。沃尔玛当时将整个电子商务栈都搬到在 Canonical 公司的 Ubuntu Linux 操作系统上运行的 OpenStack 上。沃尔玛选择 OpenStack 作为其云平台，不仅是因为 OpenStack 是同类技术中最出色的，而且也因为开源软件有其与生俱来的几大优势，比如开源意味着可以修改和定制，从而便于满足沃尔玛全球电子商务的个性化需求。最重要的，使用 OpenStack 的最大优势是使沃尔玛避免了长期锁定在某一个专有供应商身上。

在使用OpenStack的9个月里，沃尔玛已经在超过15万个核心应用里建立了一个OpenStack计算层，这个数字还在不断上升。沃尔玛还利用 OpenStack 项目里诸如 Neutron 和 Cinder 的软件，将更多的块存储和风险项目加到软件定义网络里。目前沃尔玛还在用 Swift 建立一个多 PB级的对象存储。到 2015 年旅游旺季，沃尔玛将 OpenStack 云搬到了 2014 年的 Juno 发布版里。虽然很多人都在使用 OpenStack，但沃尔玛的 OpenStack 项目令人兴奋之处在于其使用规模。他们是在真实的生产负载中使用 OpenStack 平台，而且到目前为止，Walmart.com 整个美国的流量都由该平台支撑。

有的人认为，OpenStack 还不够成熟，不足以在商业产品环境中使用，但世界上最大的零售商押上了老本，笃定地认为 OpenStack 可以挑大梁了。

2. PayPal

全球在线支付解决方案领导者 PayPal 目前已经结束了为期三年的从传统的混合企业数据中心向 OpenStack 私有云的迁移工作。经过三年的迁移后，PayPal 表示几乎已经把所有的运营都部署在了 OpenStack 云上，包括近 100%的 PayPal 流量服务、Web/API 应用和中间层服务。2014 年，PayPal 在其基础设施中处理了金额高达 2280 亿美元的支付交易，这标志着其基础设施已经成为全球最大的、已经投入使用的金融服务 OpenStack 云。

PayPal 在 2011 年就希望对数据中心基础设施进行改造。随着 2013 年第二季度即将结束，PayPal 占 eBay 42%的收入还在持续增长，云计算的创新有助于其扩大规模，在竞争中保持领先地位。1.32 亿个活跃注册账户，支持 25 种货币支付，可用性、敏捷性和安全性，这些对 PayPal的基础设施来说都至关重要。PayPal 的目标是在不影响可用性或者损害客户对 PayPal 信任的前提下，实现大规模的敏捷性和高可用性。这就意味着 PayPal 需要将现有手动完成的一切纳入“即服务”中。也就是说，PayPal 将实现软件定义的 API，并且在未来 2～3 年内，这些 API都将打包在软件定义数据中心的保护伞下。

当时，OpenStack 还只是一个半成品。借助于 VMware 虚拟化，它成为一个自动化程度更高的基础设施。OpenStack 在研发初期就已经获得了 PayPal 的关注。PayPal 最后选择 OpenStack是因为其开放的标准和生态系统的势头。OpenStack 提供了相当强大的 API 和抽象概念。除了给 PayPal 带来这些抽象层之外，从行业中领先企业的角度，PayPal 也看到了 OpenStack 良好的发展前景，如 IBM、惠普、红帽，所有重要的供应商都积极采纳 OpenStack 技术。因此，PayPal认为 OpenStack 对其来说相当有价值。

向 OpenStack 的迁移并不仅仅是一个基础设施的更替，还是一个企业内部文化的调整，其 IT 人员所做的调整工作已经远远超越了服务器配置范畴。PayPal 在其 OpenStack 中运行着 8500台标准化的 x86 服务器，向 1.62 亿个客户提供信息、移动应用支持、网站交互和支付处理等服务。无状态交互（如响应客户信息请求的 PayPal 前端界面）和状态交互（如接收客户提交信息的后端数据库）都已在 OpenStack 上处理。目前，PayPal 也已经在 OpenStack 升级方面建立了一整套包括成立指挥中心和任命升级程序主管在内的流程与规定。为了保持 8500 台服务器的同质性，防止这些服务器使用不同的 OpenStack 版本，建立统一的表单和采取整体行动非常重要。这意味着服务器、架顶式交换机、防火墙、负载均衡器和存储器等 180 000 个数据中心部件都将成为 PayPal OpenStack 云的一部分。

PayPal 的 OpenStack 云能够容纳机械故障，直至启动解决和更换所有故障设备的例行性维护工作，在维护中，这些设备可以在线更换。过去，1%的设备出现故障后，技术人员就需要进行维护，如今，这一上限值已经提升到了 3%～5%，满足了定期维护的要求。这样可以让 IT 部门以例行性和自动化方式运行 PayPal 数据中心。过去，如果数据中心服务器、交换机或存储器出现故障，那么通常的做法是尽快派人去解决这些问题。而在 OpenStack 中，处理故障设备的做法是切换至状态良好的设备。

PayPal 的 OpenStack 云还具有自动感知机制，能够检测到硬件发生故障或即将发生故障的时间。自动化运行的主要目的是，在 PayPal 开发小组需要服务器时，可以迅速地为他们提供服务。在瞬息万变的移动支付领域，PayPal 通过允许大批应用频繁升级的方式紧跟需求的变化。环境的变化非常频繁，如果不迁移到 OpenStack 基础设施，每天为软件打补丁和升级的紧凑工作基本上是不可能完成的。基础设施的同质性和运行状态的可预测性，使应对软件的频繁调整成为可能。

拓展考核

1．云计算主要经历了 4 个阶段才发展到现在这样比较成熟的水平，这 4 个阶段依次是__________、__________、__________和__________。

2．云计算的优势是：__________；__________。

3．在云计算中，根据其服务集合所提供的服务类型，整个云计算服务集合被划分成 5 个层次：__________、__________、__________、__________和__________。这 5 个层次每一层都对应着一个子服务集。

4．IaaS、PaaS、SaaS、DaaS、CaaS 的中、英文全称分别是什么？

5．从 OpenStack 架构图中可以了解到，OpenStack 的服务组件有以下 17 个，分别是__________、__________、__________、__________、__________、__________、__________、__________、__________、__________、__________、__________、__________、__________、__________、__________、__________。

第2章 虚拟化技术

学习目标

知识目标

- 理解虚拟化技术
- 了解 KVM
- 了解虚拟机

技能目标

- 掌握 KVM 基本使用
- 掌握虚拟机基本使用

素质目标

- 注重职业精神
- 厚植职业理念
- 践行理实一体
- 培养创新能力

项目引导

在 21 世纪初，亚马逊作为电商行业的龙头，在面临“黑色星期五”的恐怖流量时也不得不采取扩展服务器资源的措施。为了保证这一天的服务质量，亚马逊购置了大量的计算、存储、网络资源。在此背景下，亚马逊电子商务平台经过数十年的基础设施优化和改进，创造了一套独有的软件和服务基础。这些专有软件和操作流程拥有非常庞大的规模，驱动着亚马逊网站优异的性能、稳定性、运作质量和安全性。同时，亚马逊开始意识到允许其他程序访问亚马逊目录（Amazon Catalog）和其他电子商务服务是一个意料之外的巨大创新，形成了一个巨大的开发者生态。然后，这个思考逐渐发展成为，亚马逊如何将自己在可伸缩的系统软件方面的专有技术作为一个原始的基础模块、通过一个服务界面提供给开发者，这可能会触发一场全球范围的创新，因为开发者不再需要去考虑购买、搭建和维护基础设施这些麻烦的事。

2006 年春天 AWS（Amazon Web Services）提供了第一个云存储服务（Amazon S3），同年秋天提供了云计算服务（Amazon EC2）。AWS 在 2015 年实现了云服务相关业务的盈利，于 2020 年达到 453.7 亿美元的营收。

亚马逊是如何取得如此佳绩的？除了灵活而富有创新的思维外，虚拟化技术也是其中的核心。

相关知识

2.1 虚拟化技术简介

2.1.1 虚拟化介绍

随着 IT 规模日益庞大，高能耗、数据中心空间紧张、IT 系统总体成本过高等各方面问题接踵而至，而现有服务器、存储系统等设备没有被充分地利用起来，资源极度浪费。IT 基础架构对业务需求反应不够灵活，不能有效地调配系统资源适应业务需求。企业需要建立一种可以降低成本、具有智能化和安全特性并能够与当前的业务环境相适应的灵活、动态的基础设施和应用环境，以更快速地响应业务环境的变化，并且降低数据中心的运营成本。在这种情况下，虚拟化技术应运而生。

虚拟化（Virtualization）是一种资源管理技术，它将计算机的各种实体资源，如服务器、网络、内存及存储等，予以抽象、转换后呈现出来，打破实体结构间的不可切割的障碍，使得用户可以比原本的组态更好的方式来应用这些资源，以提高系统的弹性和灵活性，降低成本、改进服务、减少管理风险等。

对于虚拟化技术，大多数人接触的最早且最多的应该是虚拟机（Virtual Machine）。它是通过软件模拟的具有完整硬件系统功能的、运行在一个完全隔离环境中的完整计算机系统。对完整计算机系统的简单解释就是一台含有 CPU、内存、硬盘、显卡、网卡、光驱等设备的计算机，只是对于虚拟机来说，这些设备都是通过软件模拟出来的。

计算机的虚拟化使单个计算机看起来像多个计算机或完全不同的计算机，从而提高资源利用率并降低 IT 成本。而后，随着 IT 架构的复杂化和企业应用计算需求的急剧加大，虚拟化技术发展到了将一台计算机拆分为各类资源以实现统一的管理、调配和监控。比如，服务器聚合或网络计算。现在，整个 IT 环境已逐步向云计算时代跨越，虚拟化技术也从最初的侧重于整合数据中心内的资源，发展到可以跨越 IT 架构实现包括资源、网络、应用和桌面在内的全系统虚拟化，进而提高灵活性。

虚拟机的出现大大提高了物理机的资源利用率，并且在同一台物理机上给不同的应用一个隔离的运行环境，更关键的是虚拟机的资源管理比物理机便利很多。需要说明的是，虚拟机相比物理机而言是有资源、性能损耗的，但是考虑到虚拟机的众多优势和大多数场景下物理机资源利用率本身就不高，以及虚拟机技术已经成熟等因素，在现今的 IT 基础架构中，虚拟机已成为不可或缺的一部分而得到广泛应用。

2.1.2　虚拟化分类

按照不同的分类方式，虚拟化有多种分类。

（1）按照操作系统耦合程度分类，可分为全虚拟化和半虚拟化。

① 全虚拟化（Full Virtualization）：又叫硬件辅助虚拟化技术，最初所使用的虚拟化技术就是全虚拟化技术。它在虚拟机（VM）和硬件之间加了一个软件层——Hypervisor，或者称为虚拟机管理程序（VMM）。Hypervisor 可以划分为两种：一种是直接运行在物理硬件之上的，如基于内核的虚拟机（KVM——它本身是一个基于操作系统的 Hypervisor）；另一种是运行在另一个操作系统（运行在物理硬件之上）中的，包括 QEMU 和 WINE。因为运行在虚拟机上的操作系统通过 Hypervisor 来最终分享硬件，所以虚拟机发出的指令需经过 Hypervisor 捕获并处理。为此，每个客户操作系统（Guest OS）所发出的指令都要被翻译成 CPU 能识别的指令格式，这里的客户操作系统即运行的虚拟机，所以 Hypervisor 的工作负荷会很大，因此会占用一定的资源，从而在性能方面不如裸机，但运行速度要快于硬件模拟。全虚拟化最大的优点是，运行在虚拟机上的操作系统没有经过任何修改，唯一的限制是操作系统必须能够支持底层的硬件，因为目前的操作系统一般都能支持底层硬件，所以这个限制就变得微不足道了。

② 半虚拟化（Para Virtualization）：是后来才出现的技术，也称为准虚拟化技术，现在比较热门。它是在全虚拟化的基础上，对客户操作系统进行了修改，增加了一个专门的 API。这个 API 可以将客户操作系统发出的指令进行最优化，即不需要 Hypervisor 耗费一定的资源进行翻译操作，因此 Hypervisor 的工作负担变得非常小，从而整体的性能也有很大的提高。缺点是，要修改包含该 API 的操作系统。但是，对于某些不含该 API 的操作系统（主要是 Windows）来说，就不能用这种方法。Xen 就是一个典型的半虚拟化的技术。

（2）根据从不同的角度解决不同的问题来对虚拟化技术进行分类，可分为服务器虚拟化、桌面虚拟化、应用虚拟化等。

① 服务器虚拟化：能够通过区分资源的优先次序，并随时随地将服务器资源分配给最需要它们的工作负载来简化管理和提高效率，从而减少为单个工作负载峰值而储备的资源。通过服务器虚拟化技术，用户可以动态启用虚拟服务器（又叫虚拟机），每个服务器实际上可以让操作系统（以及在上面运行的任何应用程序）误以为虚拟机就是实际硬件。运行多个虚拟机还可以充分发挥物理服务器的计算潜能，迅速应对数据中心不断变化的需求。对数量少的情况推荐使用 ESXi、XenServer，对数量大的情况推荐使用 KVM、RHEV（并不开源）、oVirt、OpenStack、VMware vSphere。

② 桌面虚拟化：依赖于服务器虚拟化，在数据中心的服务器上进行服务器虚拟化，生成大量独立的桌面操作系统（虚拟机或者虚拟桌面），同时根据专有的虚拟桌面协议发送给终端设备。用户终端通过以太网登录到虚拟主机上，只需要记住用户名和密码及网关信息，即可随时随地通过网络访问自己的桌面系统，从而实现单机多用户。多用于 IP 外包、呼叫中心、银行办公、移动桌面。

③ 应用虚拟化：其技术原理是基于应用/服务器计算 A/S 架构，采用类似虚拟终端的技术，把应用程序的人机交互逻辑（应用程序界面、键盘及鼠标的操作、音频输入/输出、读卡器、打印输出等）与计算逻辑隔离开来。在用户访问一个服务器虚拟化后的应用时，用户计算机只需要把人机交互逻辑传送到服务器，服务器为用户开设独立的会话空间，应用程序的计算逻辑

在这个会话空间中运行，把变化后的人机交互逻辑传送给客户端，并且在客户端相应设备上展示出来，从而使用户获得如同运行本地应用程序一样的访问感受。

2.1.3 云计算时代下的虚拟化技术

现在，整个 IT 界正处于全面步入云计算时代的过程中，单个虚拟化技术虽然都为企业在 IT 方面带来了收益，但是人们更看重的是基于所面对的各自不同的独特环境发展出一个适合自己的、全面的虚拟化战略。我们需要考虑的是，将所有可用的虚拟化技术作为一个整体来考虑和组合，以使从中产生的效益最大化。也就是说在云计算环境下，所有虚拟化解决方案都是集服务器、存储、网络设备、软件及服务于一体的系统整合方案，并根据不同的应用环境灵活地将若干层面组合以实现不同模式虚拟化方案。

在这种云环境下的整体虚拟化战略中，我们可以利用虚拟化技术提供的多种机制，在不需重要的硬件和物理资源扩展的前提下，通过不同的方案快速模拟不同的环境和试验，达到预先构建操作 IT 系统、应用程序，提高安全性及实现管理环境的目的，便于以后以更为简化和有效的方式将它们投入生产环境中，进而提供更大的灵活性，并迅速确定潜在的冲突。同时，我们可以利用服务器虚拟化技术将大量分散的、没有得到充分利用的物理服务器工作负荷整合到独立的、聚合的、数量较少的物理服务器上，甚至用一台单一的大型网络虚拟机取代数以百计甚至千计的较小服务器并使其在长时间内、在高利用率下运行，从而更好地管理 IT 成本、最大化能源效率及提高资源利用率。我们还可以利用存储虚拟化技术来支持网络环境下多种多样的磁盘存储系统，通过将存储容量整合到一个存储资源池中，帮助 IT 系统简化存储基础架构，对信息进行生命周期管理并维护业务持续性。当然，我们还可以利用应用及桌面虚拟化技术提供应用基础设施虚拟化功能，降低创建、管理和运行企业应用程序及 SOA 环境所需的运营和能源成本，并达成提高灵活性和敏捷性，确保业务流程完整性，改进服务，提高应用程序性能并更好地管理应用程序运行状况等目的。除此之外，虚拟化的系统管理及监控服务还能帮助我们通过一个共同的接入点发现、监控和管理包括系统和软件在内的所有的虚拟和物理资源，并提供完全的跨企业服务管理，减少支持多种类型服务器所需管理工具的数量。

虚拟化是云计算的基石，虚拟化负责将物理资源池化，而云计算是让用户对池化的物理资源进行便捷的管理，所以云计算提供的从本质上讲正是虚拟化服务。从虚拟化到云计算的过程中，我们实现了跨系统的资源动态调度，将大量的计算资源组成 IT 资源池，用于动态创建高度虚拟化的资源供用户使用，从而最终实现应用、数据和 IT 资源以服务的方式通过网络提供给用户，并以前所未见的高速和富有弹性的方式来完成任务。换句话说，我们正经历一场发生在 IT 内外的迈向云计算时代的巨大变革，而推动这场变革的正是由不断发展的虚拟化技术所带来的从组件走向层级然后走向资源池的过程。云计算是虚拟化的最高境界，虚拟化是云计算的底层结构。

2.2 KVM 介绍

KVM（Kernel-based Virtual Machine）是一种基于 Linux x86 硬件平台的开源全虚拟化解决方案。它依托于 CPU 虚拟化指令集，性能、安全性、兼容性、稳定性表现很好，每个虚拟化操作系统表现为单个系统进程，可与 Linux 安全模块——Selinux 安全模块很好地结合。

KVM 作为 Hypervisor，主要涵盖两个重要组成部分：一个是 Linux 内核的 KVM 模块，另一个是提供硬件仿真的 QEMU（Quick Emulator）。另外，为了使 KVM 整个虚拟化环境能够易于管理，还需要 Libvirtd 服务和基于 Libvirt 开发出来的管理工具。KVM 架构包括 KVM 模块、QEMU、Libvirt、Libvirtd、Virsh、Virt-Manager 等。

KVM 模块的主要功能是提供物理 CPU 到虚拟 CPU 的一个映射，提供虚拟机的硬件加速来提升虚拟机的性能。KVM 模块本身无法作为一个 Hypervisor 模拟出一个完整的虚拟机，并且我们也无法直接对 Linux 内核进行操作，所以需要借助其他的软件来进行，QEMU 就扮演着这样的一个角色。

QEMU 本身就是一个宿主型的 Hypervisor，即使没有 KVM，它也可以通过模拟来创建和管理虚拟机。QEMU 又借助了 KVM 的模块来提升虚拟化的整体性能。两者的结合提供了众所周知的 KVM 虚拟化解决方案。最终在 CentOS/RHEL 7 里用来实现 KVM 虚拟化的软件也被赋予了一个有趣的名字——qemu-kvm。

Libvirt 是 Linux 系统下一套开源的 API，主要给 KVM 的客户端管理工具提供一套方便和可靠的编程接口。它本身使用 C 语言来编写，但同时也支持多种编程语言，如 Python、Perl、Ruby 和 Java 等。Libvirt 也支持多种虚拟化平台，如 KVM、Xen、ESX 和 QEMU 等。

Libvirtd 是运行在 KVM 主机上的一个服务器守护进程，为 KVM 及其虚拟机提供本地和远程的管理功能。基于 Libvirt 开发出来的管理工具可以通过 Libvirtd 服务来管理整个 KVM 环境。

Libvirt 是一套标准的库文件，给多种虚拟化平台提供一个统一的编程接口，相当于管理工具需要基于 Libvirt 的标准接口来进行开发，开发完成后的工具可支持多种虚拟化平台。而 Libvirtd 是一个在 Host 主机上运行的守护进程，在管理工具和 KVM 之间起到一个桥梁的作用，管理工具可通过 Libvirtd 服务来管理整个虚拟化环境。

Virsh 是基于 Libvirt 开发的一个命令行的 KVM 管理工具，可使用直接模式（Direct Mode）或交互模式（Interactive Mode）来实现对虚拟机的管理，如创建、删除、启动、关闭等。

Virt-Manager 同样也是一个 KVM 管理工具，只不过它是基于图形界面的。

基于以上各个组件，我们才能部署出一套完整的 KVM 虚拟化环境。随着虚拟化技术历经多年的发展到现在的成熟，很多概念性东西的边界也变得不再那么清晰。好比我们之前所介绍的全虚拟化和半虚拟化，现在，Xen 也支持全虚拟化，KVM 也支持半虚拟化。

项目实践

2.3　KVM 的安装和使用

之前介绍了虚拟化技术，下面介绍 KVM 的安装和使用。

2.3.1　环境准备

1. 硬件

CPU：Intel Core i7。

内存：8GB。

硬盘：1TB。

2. 基本配置

操作系统：CentOS 7.9。

IP 地址：192.168.100.30。

软件包：CentOS 自带软件包。

关闭 Selinux。

关闭防火墙。

3. 虚拟化支持

KVM 虚拟化需要 CPU 的硬件虚拟化加速的支持，在本环境中为 Intel 的 CPU，在 BIOS 中开启 Intel VT。

物理机：在 BIOS 中设置，不同品牌计算机的设置略有不同，如图 2-1 所示。

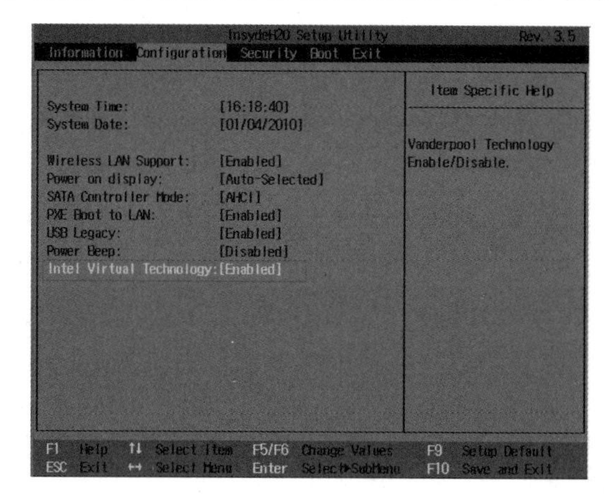

图 2-1　设置物理机

4. VMware 虚拟机

设置虚拟机，如图 2-2 所示。

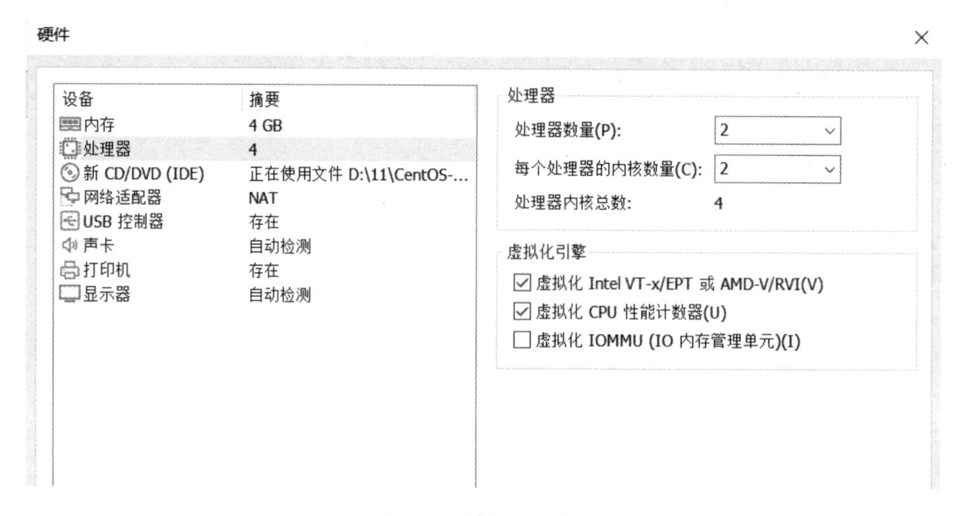

图 2-2　设置虚拟机

2.3.2　安装 KVM

软件包安装：

```
#yum install qemu-kvm libvirt virt-install virt-manager virt-top libguestfs-tools mesa-libGLES- devel.x86_64
mesa-dri-drivers -y
```

```
Installed:
  libvirt.x86_64 0:1.2.17-13.el7
  qemu-img-ev.x86_64 10:2.3.0-31.el7_2.10.1
  qemu-kvm-common-ev.x86_64 10:2.3.0-31.el7_2.10.1
  qemu-kvm-ev.x86_64 10:2.3.0-31.el7_2.10.1
  virt-install.noarch 0:1.2.1-8.el7
  virt-manager.noarch 0:1.2.1-8.el7

Dependency Installed:
  libvirt-daemon-config-nwfilter.x86_64 0:1.2.17-13.el7
  libvirt-daemon-driver-lxc.x86_64 0:1.2.17-13.el7
  libvirt-python.x86_64 0:1.2.17-2.el7
  python-ipaddr.noarch 0:2.1.9-5.el7
  virt-manager-common.noarch 0:1.2.1-8.el7
  vte3.x86_64 0:0.36.4-1.el7

Replaced:
  qemu-img.x86_64 10:1.5.3-105.el7              qemu-kvm.x86_64 10:1.5.3-105.el7
  qemu-kvm-common.x86_64 10:1.5.3-105.el7

Complete!
[root@localhost ~]# █
```

启动并设置开机启动 Libvirt 服务：

```
# systemctl enable libvirtd.service
# systemctl start libvirtd.service
```

KVM 网络连接有以下两种方式。

（1）用户网络（User Network）：让虚拟机访问主机、互联网或本地网络上的资源的简单方法，但是不能从网络或其他的客户端访问客户端，性能上也需要大的调整。

（2）虚拟网桥（Virtual Bridge）：网桥模式可以让客户端和宿主机共享一个物理网络设备连接网络，客户端有自己的独立 IP 地址，可以直接连接与宿主机一样的网络，客户端可以访问外部网络，外部网络也可以直接访问客户端（就像访问普通物理主机一样）。即使宿主机只有一个网卡设备，使用网桥的方式也可以让多个客户端与宿主机共享网络设备，其使用非常方便，应用也非常广泛。

1. 停止 NetworkManager 服务

```
# systemctl stop NetworkManager
```

该服务开启的情况下修改网卡的配置文件可能会造成信息的匹配错误而导致网卡激活失败。

2. 修改网卡配置文件

备份：

```
cp /etc/sysconfig/network-scripts/ifcfg-ens33 /etc/sysconfig/network-scripts/ifcfg-ens33
# vi /etc/sysconfig/network-scripts/ifcfg-en33
```

（需按照实际网卡修改）

做如下修改：

```
TYPE=Ethernet
BRIDGE=br0
BOOTPROTO=static
NAME=enp1s0
UUID=d46f1111-3f34-481b-b3ff-e5b7e01d009a
DEVICE=enp1s0
ONBOOT=yes
```

3. 新增 br0 网桥文件并进行如下配置

```
# vi /etc/sysconfig/network-scripts/ifcfg-ens34
```

```
TYPE=bridge
BOOTPROTO=static
NAME=enp1s0
UUID=d46f1111-3f34-481b-b3ff-e5b7e01d009a
DEVICE=br0
ONBOOT=yes
NM_CONTROLLED=no
IPADDR=192.168.100.30
NETMASK=255.255.255.0
GATEWAY=192.168.100.1
```

NM_CONTROLLED 这个属性值，根据 RedHat 公司的文档是必须设置为“no”的（这个值为“yes”，表示可以由 NetworkManager 服务来管理。NetworkManager 服务不支持桥接，所以要设置为“no”）。但实际上发现设置为“yes”也没有问题，通信正常。

4. 禁用网络过滤器并重新加载 Kernel 参数

向文件/etc/sysctl.conf 添加以下代码：

```
vi /etc/sysctl.conf
```

```
# sysctl -p
net.ipv4.ip_forward = 0
net.bridge.bridge-nf-call-ip6tables = 0
net.bridge.bridge-nf-call-iptables = 0
net.bridge.bridge-nf-call-arptables = 0
```

5. 重启网络服务

```
# systemctl restart network.service
```

重启后连接 br0 网卡 IP：192.168.100.100。

```
# systemctl restart NetworkManager.service
```

6. 验证内核模块

```
# lsmod |grep kvm
```

```
[root@localhost ~]#  lsmod |grep kvm
kvm_intel              162153  0
kvm                    525259  1 kvm_intel
[root@localhost ~]#
```

以上输出说明内核模块加载成功，其中：

KVM 作为核心模块，协同 QEMU 实现整个虚拟化环境的正常运行。

kvm_intel 作为平台（Intel）独立模块，激活 KVM 环境的 CPU 硬件虚拟化支持。

7. 连接 Hypervisor

```
# virsh connect --name qemu:///system
# virsh list
```

```
[root@localhost ~]# virsh list
 Id    Name                           State
----------------------------------------------------

[root@localhost ~]#
```

这里因为没有创建虚拟机，所以显示为空，在下一节讲解虚拟机的创建和管理。

2.4　虚拟机的创建和管理

2.4.1　创建虚拟机

（1）通过命令 virt-manager 启动图形界面。

```
[root@localhost ~]# virt-manager
```

（2）单击图 2-3 左端的图标创建一个虚拟机。

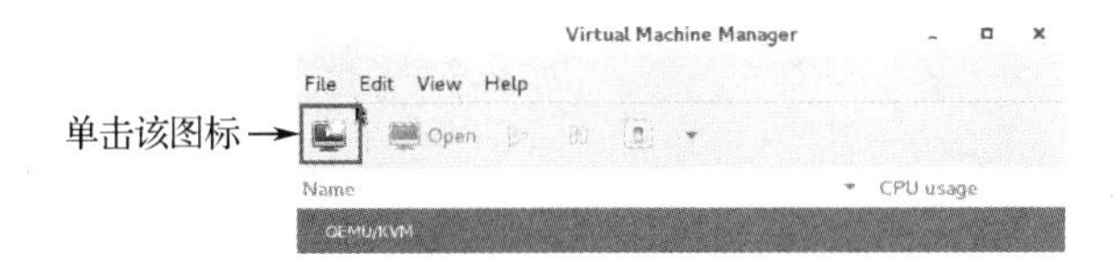

图 2-3　创建虚拟机

（3）选择第一个单选按钮选项，全新安装一个虚拟机，如图 2-4 所示。

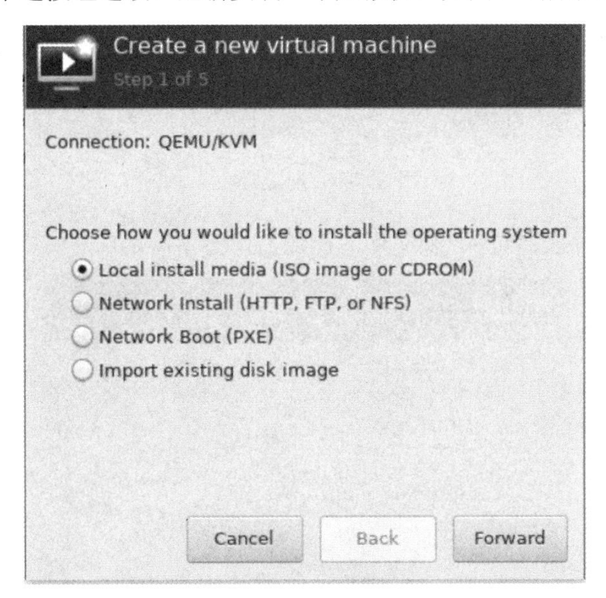

图 2-4　安装一个虚拟机

（4）单击“Browse”按钮，添加镜像，如图 2-5 所示。

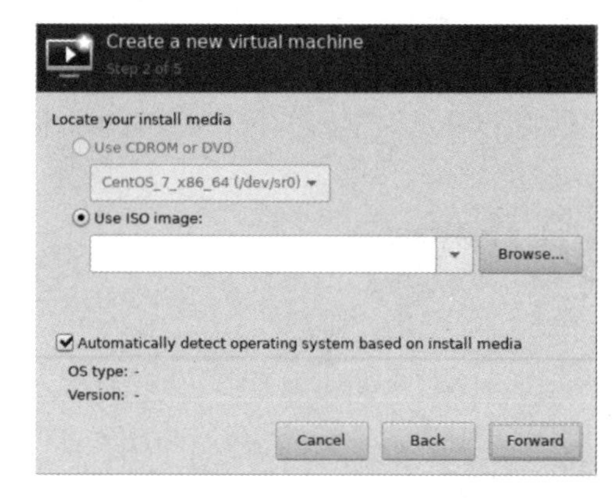

图 2-5　添加镜像

（5）单击“Browse Local”按钮，设置属性，如图 2-6 所示。

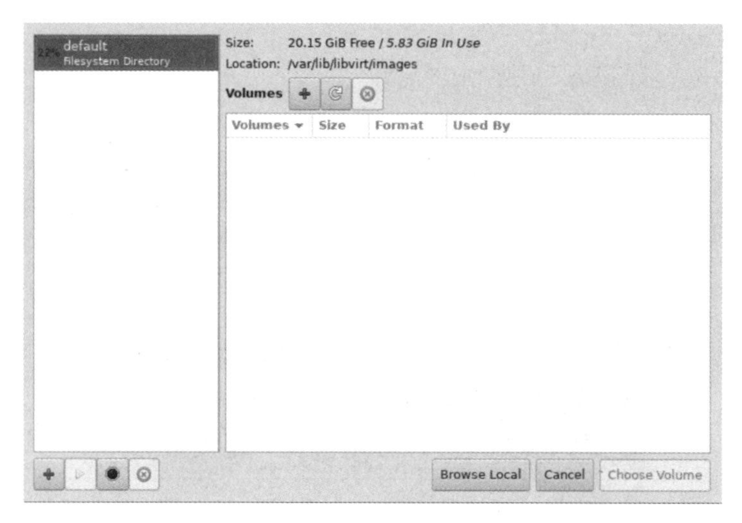

图 2-6　设置属性

（6）选择路径下已经下载好的 CentOS 的镜像，如图 2-7 所示。

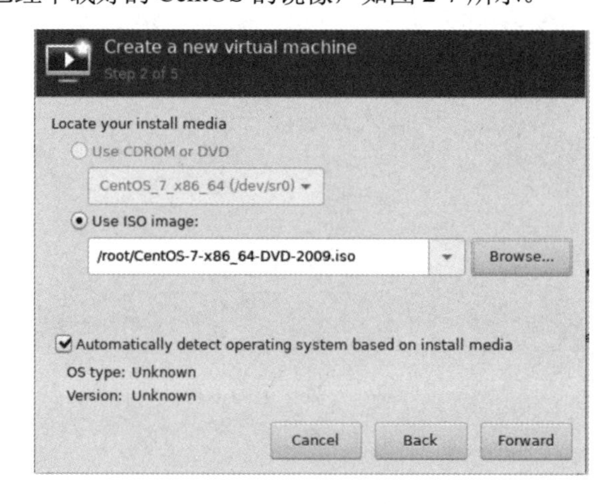

图 2-7　选择镜像

（7）配置虚拟机的内存及CPU，如图2-8所示。

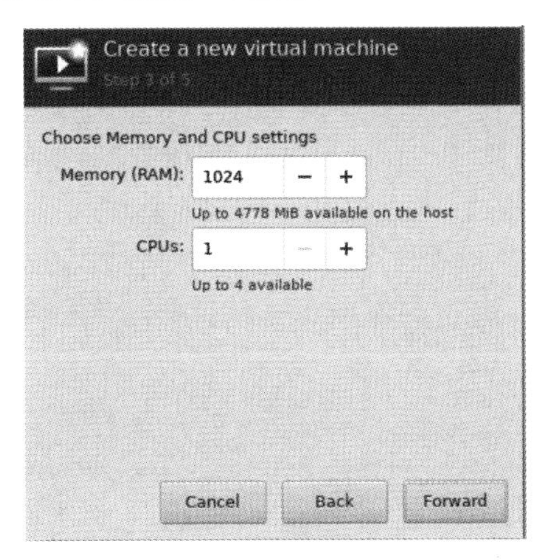

图2-8　配置参数

（8）设置磁盘大小为9GB，如图2-9所示。

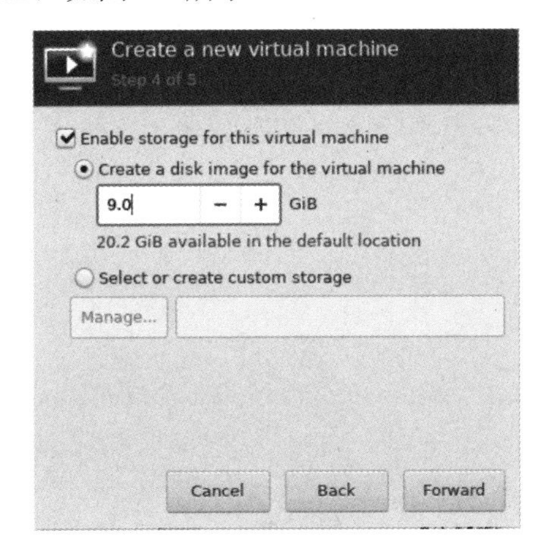

图2-9　设置磁盘大小

（9）设置主机名为“KVM1”，如图2-10所示。

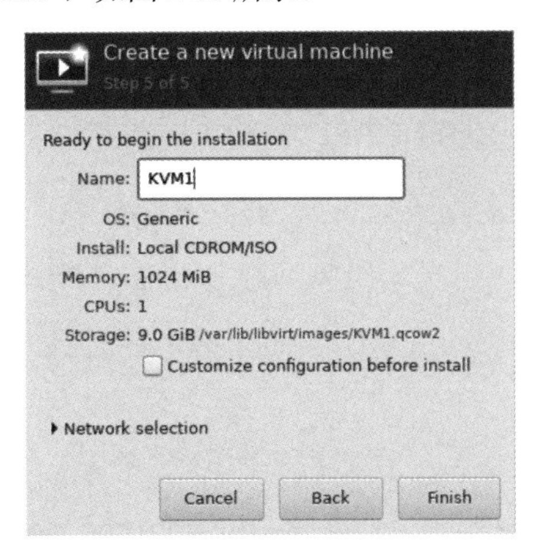

图2-10　设置主机名

（10）单击图 2-11 左上角的“Begin Installation”按钮，完成安装。

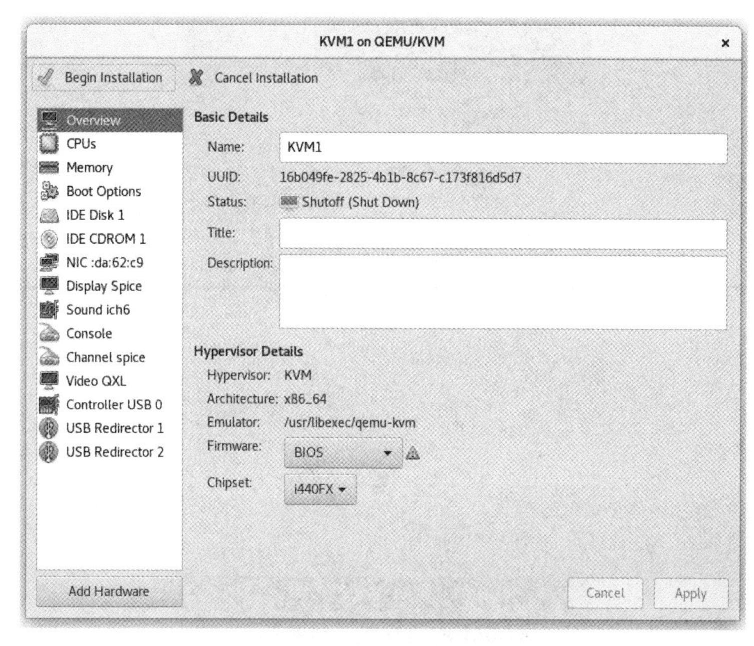

图 2-11　完成安装

2.4.2　管理虚拟机

（1）查看正在运行的虚拟机。

```
# virsh list
```

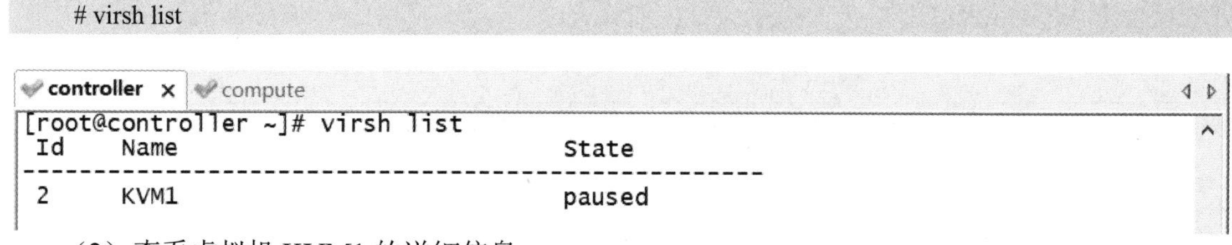

```
[root@controller ~]# virsh list
 Id    Name                           State
----------------------------------------------------
 2     KVM1                           paused
```

（2）查看虚拟机 KVM1 的详细信息。

```
# virsh dominfo KVM1
```

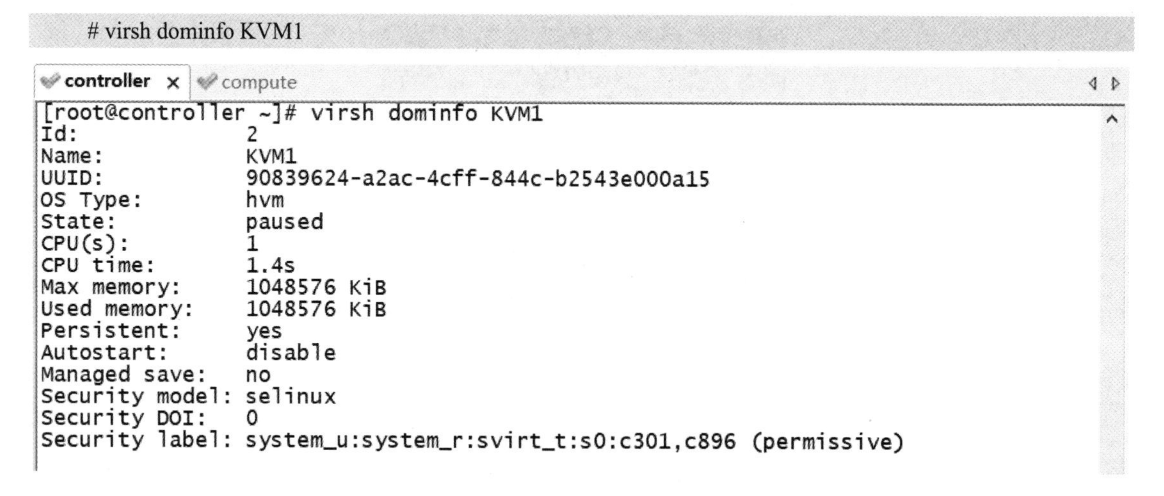

```
[root@controller ~]# virsh dominfo KVM1
Id:             2
Name:           KVM1
UUID:           90839624-a2ac-4cff-844c-b2543e000a15
OS Type:        hvm
State:          paused
CPU(s):         1
CPU time:       1.4s
Max memory:     1048576 KiB
Used memory:    1048576 KiB
Persistent:     yes
Autostart:      disable
Managed save:   no
Security model: selinux
Security DOI:   0
Security label: system_u:system_r:svirt_t:s0:c301,c896 (permissive)
```

（3）查看所有虚拟机的运行状态。

```
# virt-top
```

```
controller × compute
virt-top 10:20:37 - x86_64 4/4CPU 2894MHz 3770MB
1 domains, 1 active, 0 running, 0 sleeping, 1 paused, 0 inactive D:0 O:0 X:0
CPU: 0.3%  Mem: 1024 MB (1024 MB by guests)

   ID S RDRQ WRRQ RXBY TXBY %CPU %MEM    TIME   NAME
    2 P    0    0  104    0  0.3 27.0  0:01.79 KVM1
```

（4）启动和关闭虚拟机。

关闭虚拟机 KVM1：

```
# virsh shutdown KVM1
```

```
[root@localhost ~]# virsh shutdown KVM1
Domain KVM1 is being shutdown
```

启动虚拟机 KVM1：

```
# virsh start KVM1
```

```
[root@localhost ~]# virsh start KVM1
Domain KVM1 started
```

激活虚拟机 KVM1 自动启动：

```
# virsh autostart KVM1
```

```
[root@localhost ~]#  virsh autostart KVM1
Domain KVM1 marked as autostarted
```

取消激活虚拟机 KVM1 自动启动：

```
# virsh autostart --disable KVM1
```

```
[root@localhost ~]# virsh autostart --disable KVM1
Domain KVM1 unmarked as autostarted
```

通过上面 KVM 的实验看到，如果对虚拟机生命周期的管理通过命令行来操作，在实际的生产环境中是不现实的，这就催生出了云计算平台，即一种可以快速、简单、便捷管理虚拟机生命周期的平台。当然，这只是云计算平台的一小部分功能。后面将以开源云平台 OpenStack 为例展开对云平台的学习。

拓展考核

1．按照不同的方式，虚拟化有多种分类。

（1）按照操作系统耦合程度分类，可分为____________和____________。

（2）根据从不同的角度解决不同的问题来对虚拟化技术进行分类，可分为____________、____________、____________等。

2．KVM（Kernel-based Virtual Machine）是一种基于 Linux x86 硬件平台的____________。

它依托于____________，性能、安全性、兼容性、稳定性表现很好，每个虚拟化操作系统表现为单个系统进程，可与 Linux 安全模块——Selinux 安全模块很好地结合。

3．KVM 网络连接有两种方式，分别是____________和____________。

4．查看名为 KVM123 的虚拟机的详细信息的命令是____________。

5．验证内核模块的命令是____________。

第3章

OpenStack 环境准备

学习目标

知识目标

- 了解 OpenStack 平台需要的硬件环境
- 了解 OpenStack 平台需要的软件环境

技能目标

- 掌握硬件资源的配置
- 掌握平台架构的规划
- 掌握系统安全配置
- 掌握网络环境规划
- 掌握应用软件部署

素质目标

- 注重职业精神
- 厚植职业理念
- 践行理实一体
- 培养创新能力

项目引导

小杨是某软件公司的服务器维护人员，维护着公司内 20 多台服务器以供公司业务正常运行。该公司主要有三个大部门，软件开发部、软件测试部、销售部。由于公司资源有限，这三大部门的主要业务操作都基于这 20 多台服务器。

今天，小杨又接到了软件测试部的通知，需要安装好其清单上的系统环境以供软件测试用。小杨看了一眼清单，非常无奈，这份清单上的服务很熟悉，每个月都要安装几次。因为服务器资源较少，软件测试部只能使用其中的 1 台服务器，这就造成了他需要反复地部署环境。

这时，小杨想起了从其他朋友那里了解到的 OpenStack 开源私有云 IaaS 框架，据说可以快速地部署好一个又一个的平台环境，华为和腾讯都基于它组建了自己的云计算网络。于是小杨决定尝试部署一个 OpenStack，想试一下是否真的可以提升工作效率。

相关知识

3.1 OpenStack 回顾

终于正式进入 OpenStack 操作部分了。从现在开始，我们将带领读者一步一步地揭开 OpenStack 的神秘面纱。

OpenStack 作为 IaaS 层的一种管理平台，可以称之为云操作系统。对于云操作系统，如果感觉不好理解，可以设想我们平时用的笔记本电脑、PC 等都装有操作系统，比如 Windows、Linux，正是安装了操作系统之后，我们在使用笔记本电脑或者 PC 时不必关心系统如何调用 CPU、内存等资源。OpenStack 为虚拟机提供并管理三大类资源：计算、网络和存储（这三个就是核心）。OpenStack 的核心模块如图 3-1 所示。所以我们的学习重点是：搞清楚 OpenStack 是如何对计算、网络和存储资源进行管理的。

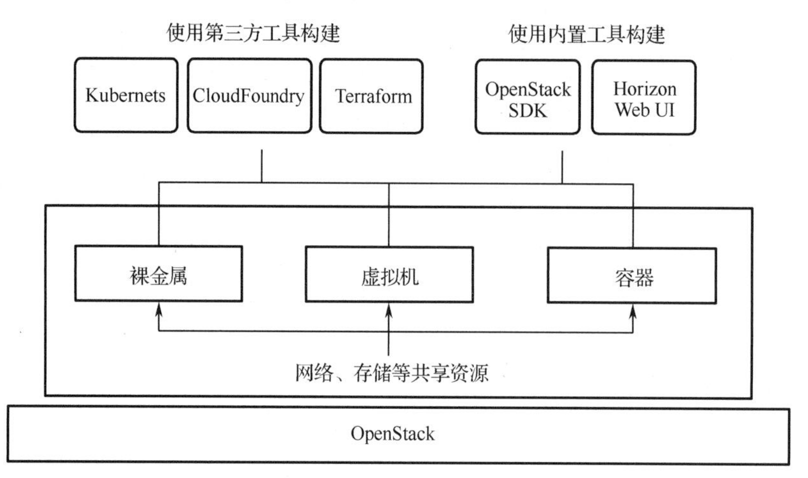

图 3-1　OpenStack 的核心模块

先回顾 OpenStack 架构（如图 3-2 所示），它能帮助我们站在高处看清楚事物的整体结构，避免过早地进入细节而迷失方向。

Nova：管理 VM 的生命周期，是 OpenStack 中最核心的服务。

Neutron：为 OpenStack 提供网络连接服务，负责创建和管理 L2、L3 网络，为 VM 提供虚拟网络和物理网络连接。

Glance：管理 VM 启动镜像，Nova 创建 VM 时将使用 Glance 提供的镜像。

Cinder：为 VM 提供块存储服务。Cinder 提供的每一个 Volume 在 VM 看来就是一块虚拟硬盘，一般作为数据盘。

Swift：提供对象存储服务。VM 可以通过 RESTful API 存放对象数据。作为可选的方案，Glance 可以将镜像存放在 Swift 中；Cinder 也可以将 Volume 备份到 Swift 中。

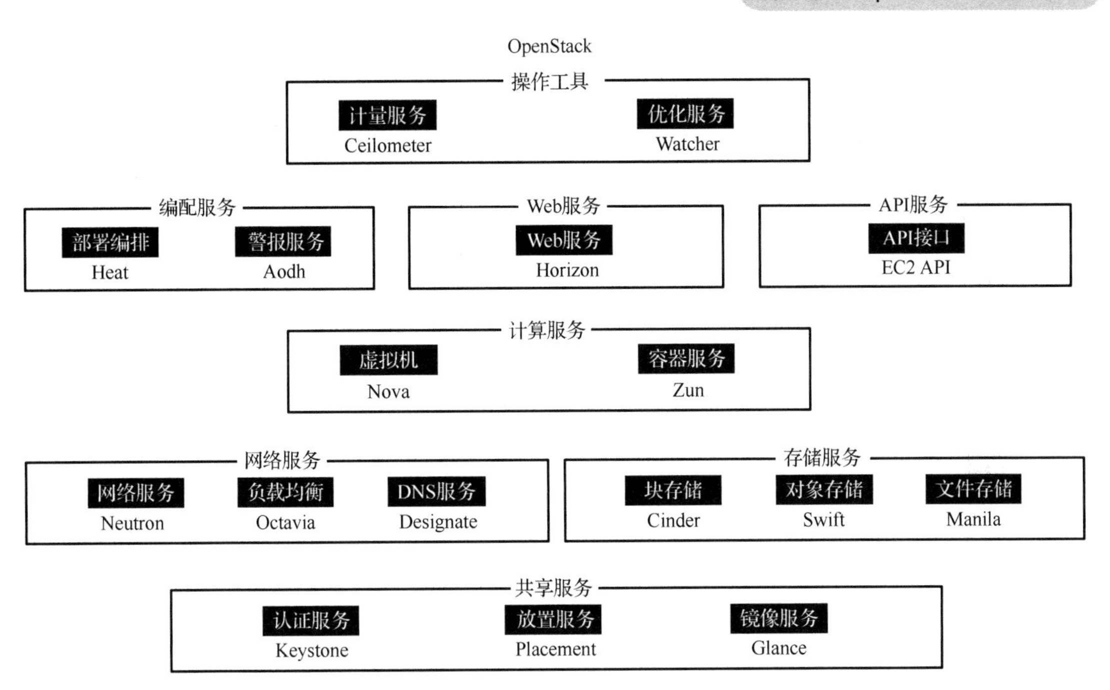

图 3-2 OpenStack 架构

Keystone：为 OpenStack 的各种服务提供认证和权限管理服务。简单来说，OpenStack 上的每一个操作都必须通过 Keystone 的审核。

Ceilometer：提供 OpenStack 监控和计量服务，为报警、统计或计费提供数据。

Horizon：为 OpenStack 用户提供一个 Web 的自服务图形化界面。

Placement：为 OpenStack 提供全资源的监控追踪。

Manila：是 OpenStack 共享文件系统服务，用于提供共享文件系统即服务。

Octavia：是与 OpenStack 一起使用的开源并且针对运营商规模的负载平衡解决方案。

Designate：是 OpenStack 的 DNS 服务器。

Zun：是 OpenStack 容器服务。

Aodh：提供了 OpenStack 的遥测警报服务。

EC2 API：该项目提供独立的 EC2 应用编程接口服务。

Watcher：提供了灵活且可扩展的资源优化服务。

在上面这些服务中，哪些是 OpenStack 核心服务呢？核心服务指的是：如果没有它，OpenStack 就跑不起来。

很显然：Nova 管理计算资源，核心服务；Neutron 管理网络资源，核心服务；Glance 为云主机提供 OS 镜像，属于存储范畴，核心服务；Cinder 提供块存储，云主机需要数据盘，核心服务；Swift 提供对象存储，不是必需的，可选服务；Keystone 认证服务，为 OpenStack 其他服务提供认证，核心服务；Ceilometer 监控服务，不是必需的，可选服务；Horizon 为用户提供一个操作界面，不是必需的；Placement 为追踪所有接入 OpenStack 平台的资源，是必需的；Manila、Octavia、Designate、Zun、Aodh、EC2 API、Watcher 等多为基础必要服务在某一个方面有特殊需求时产生的服务，均不是必需的。

项目实施

3.2 架构选择

3.2.1 OpenStack 完整架构

OpenStack 是一个分布式平台，由不同的组件共同支持整个云平台的运行。根据不同的需求，能够灵活地设计整个 OpenStack 架构，不同的组件装在不同的物理机上，甚至某个组件下的子服务也可以装在不同的物理机上。一般来说，一个 OpenStack 平台由以下功能节点（Node）组成。

1. 控制节点（Controller Node）

用于管理 OpenStack，其上运行的服务有 Keystone、Glance、Horizon、Placement 及 Nova 和 Neutron 中与管理相关的组件。控制节点也运行 OpenStack 的基础支撑服务，如 SQL 数据库（通常是 MySQL）、消息队列（通常是 RabbitMQ）、网络时间服务 NTP 和分布式可靠的键值存储 Etcd。

2. 网络节点（Network Node）

其上运行的服务为 Neutron，为 OpenStack 提供 L2 和 L3 网络，包括虚拟机网络、DHCP、路由、VLAN、NAT 等。

3. 存储节点（Storage Node）

提供块存储（Cinder）、对象存储（Swift）服务或文件系统存储（Manila）。

4. 计算节点（Compute Node）

其上运行 Hypervisor（默认使用 KVM），同时运行 Neutron 服务的 Agent，为虚拟机提供网络支持。

由于网络节点对硬件的依赖程度低，OpenStack 官方网站给出了除网络节点外的其他节点的硬件需求。按照此需求搭建即可拥有一个完整且良好的硬件架构，如图 3-3 所示。

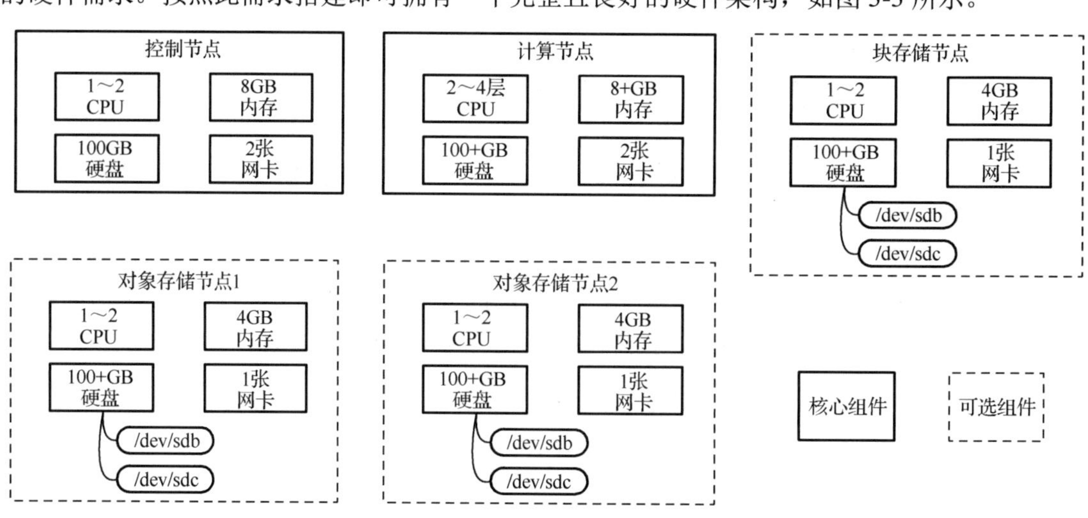

图 3-3 OpenStack 硬件架构

3.2.2 OpenStack 实验室架构选择

前面提到的 4 类节点是从功能上进行的逻辑划分，在实际部署时可以根据需求灵活配置，例如：

（1）在大规模 OpenStack 生产环境中，每类节点分别部署在若干台物理服务器上，各司其职并相互协作。这样的环境具备很好的性能、较好的伸缩性和高可用性。

（2）在最小的实验环境中，可以将 4 类节点部署到一个物理的甚至虚拟服务器上。麻雀虽小，五脏俱全，通常也称为 All-in-One 部署。

在我们的实验环境中，为了使得拓扑简洁同时功能完备，我们用两台计算机来部署 OpenStack Train 版本。

物理机 1：控制节点（Controller 节点），CentOS 7.9 2009（minal），1TB 硬盘，8GB 内存。

物理机 2：计算节点（Compute 节点），CentOS 7.9 2009（minal），1TB 硬盘，8GB 内存。

注：控制节点同时作为控制节点、网络节点和对象存储节点；

计算节点同时作为计算节点、网络节点、对象存储和块存储节点。

本次部署架构图如图 3-4 所示。

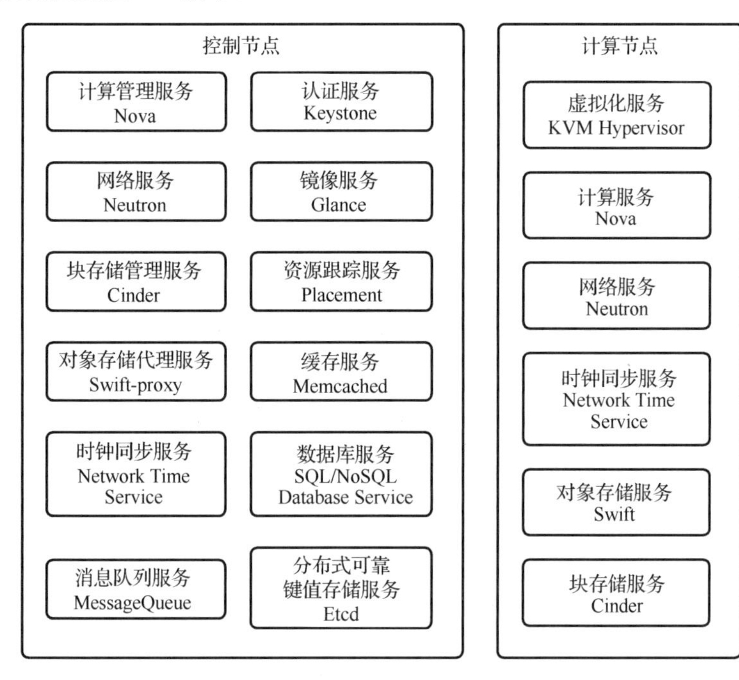

图 3-4　OpenStack 部署架构图

图 3-4 列出了两类节点中需要部署的核心服务，其中网络服务 Neutron 组件需要安装的组件有 ML2 插件、L3 代理、DHCP 代理等。由于篇幅有限，像网络服务这样包含多个组件的服务内容将在之后的章节中展开介绍。

3.3 系统环境配置

3.3.1 安全配置

1. 防火墙设置

CentOS 7 中默认启用了 Firewall 防火墙，在安装过程中，有些步骤可能会失败，除非禁用或者修改防火墙规则。在入门学习中，我们将采用所有节点关闭防火墙的方法。

关闭防火墙：

```
# systemctl stop firewalld.service
# systemctl disable firewalld.service
```

```
[root@controller ~]# systemctl stop firewalld.service
[root@controller ~]# systemctl disable firewalld.service
Removed symlink /etc/systemd/system/multi-user.target.wants/firewalld.service.
Removed symlink /etc/systemd/system/dbus-org.fedoraproject.FirewallD1.service.
```

2. Selinux 设置

在所有节点，编辑 vi /etc/selinux/config 文件。

修改：

```
SELINUX=disabled
```

```
[root@controller ~]# vi /etc/selinux/config


# This file controls the state of SELinux on the system.
# SELINUX= can take one of these three values:
#     enforcing - SELinux security policy is enforced.
# This file controls the state of SELinux on the system.
# SELINUX= can take one of these three values:
#     enforcing - SELinux security policy is enforced.
#     permissive - SELinux prints warnings instead of enforcing.
#     disabled - No SELinux policy is loaded.
SELINUX=disabled
# SELINUXTYPE= can take one of three values:
#     targeted - Targeted processes are protected,
#     minimum - Modification of targeted policy. Only selected processes are protected.
#     mls - Multi Level Security protection.
SELINUXTYPE=targeted
```

重启机器，以使防火墙配置生效或者 setenforce 0 配置生效。

3.3.2 网络配置

网络的连通性非常重要，各个节点需要做到网络互相 Ping 通，使其处于同一个网络中。如图 3-5 所示为配置图。

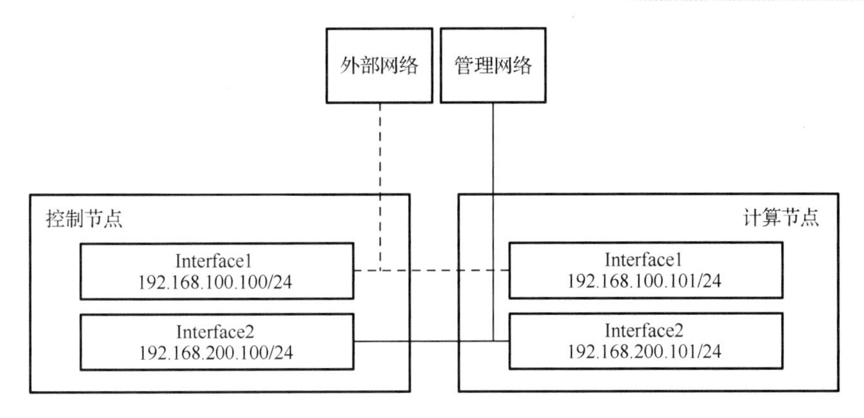

图 3-5 配置图

192.168.100 网段外部网络：实现虚拟机的访问。所有虚拟机连接到外部网络。

192.168.200 网段管理网络：该网络为所有节点提供内部的管理目的的访问，例如，包的安装、安全更新、DNS 和 NTP。

1. 配置 Controller 节点网络信息

网口 ens33：作为外部网络使用，配置 IP 地址为 192.168.100.100/24。

网口 ens34：作为管理网络使用，配置 IP 地址为 192.168.200.100/24（可以不用设置网关）。

```
# vi /etc/sysconfig/network-scripts/ifcfg-ens33
```

```
TYPE=Ethernet
PROXY_METHOD=none
BROWSER_ONLY=no
BOOTPROTO=none
DEFROUTE=yes
IPV4_FAILURE_FATAL=no
IPV6INIT=yes
IPV6_AUTOCONF=yes
IPV6_DEFROUTE=yes
IPV6_FAILURE_FATAL=no
IPV6_ADDR_GEN_MODE=stable-privacy
NAME=ens33
UUID=5fa28b8b-cc22-4124-95d9-951577434c86
DEVICE=ens33
ONBOOT=yes
IPADDR=192.168.100.100
PREFIX=24
GATEWAY=192.168.100.2
```

```
# vi /etc/sysconfig/network-scripts/ifcfg-ens34
```

```
TYPE=Ethernet
PROXY_METHOD=none
BROWSER_ONLY=no
BOOTPROTO=none
DEFROUTE=yes
IPV4_FAILURE_FATAL=no
IPV6INIT=yes
IPV6_AUTOCONF=yes
IPV6_DEFROUTE=yes
IPV6_FAILURE_FATAL=no
IPV6_ADDR_GEN_MODE=stable-privacy
NAME=ens34
UUID=32cd30ae-a414-491b-a49f-7bbe99220be6
DEVICE=ens34
ONBOOT=yes
IPADDR=192.168.200.100
PREFIX=24
```

2. 配置 Compute 节点内外网口

网口 ens33：作为外部网络使用，配置 IP 为 192.168.100.101/24。

网口 ens34：作为管理网络使用，配置 IP 为 192.168.200.101/24（可以不用设置网关）。

```
# vi /etc/sysconfig/network-scripts/ifcfg-ens33
```

```
controller   compute ×
TYPE=Ethernet
PROXY_METHOD=none
BROWSER_ONLY=no
BOOTPROTO=none
DEFROUTE=yes
IPV4_FAILURE_FATAL=no
IPV6INIT=yes
IPV6_AUTOCONF=yes
IPV6_DEFROUTE=yes
IPV6_FAILURE_FATAL=no
IPV6_ADDR_GEN_MODE=stable-privacy
NAME=ens33
UUID=cb2ce14b-ff0e-4da5-bdc2-74a78306aa18
DEVICE=ens33
ONBOOT=yes
IPADDR=192.168.100.101
PREFIX=24
GATEWAY=192.168.100.2
```

```
# vi /etc/sysconfig/network-scripts/ifcfg-ens34
```

```
controller   compute ×
TYPE=Ethernet
PROXY_METHOD=none
BROWSER_ONLY=no
BOOTPROTO=none
DEFROUTE=yes
IPV4_FAILURE_FATAL=no
IPV6INIT=yes
IPV6_AUTOCONF=yes
IPV6_DEFROUTE=yes
IPV6_FAILURE_FATAL=no
IPV6_ADDR_GEN_MODE=stable-privacy
NAME=ens34
UUID=0d21a934-5c58-4e6f-bd0c-624f0635f4b9
DEVICE=ens34
ONBOOT=yes
IPADDR=192.168.200.101
PREFIX=24
```

重启网络检测连通性,可以看到外网网卡应能 Ping 通百度，管理网卡可互 Ping。

```
# systemctl restart network
```

```
controller ×   compute
[root@controller ~]# ping www.baidu.com -c 4
PING www.a.shifen.com (14.215.177.38) 56(84) bytes of data.
64 bytes from 14.215.177.38 (14.215.177.38): icmp_seq=1 ttl=128 time=35.1 ms
64 bytes from 14.215.177.38 (14.215.177.38): icmp_seq=2 ttl=128 time=35.4 ms
64 bytes from 14.215.177.38 (14.215.177.38): icmp_seq=3 ttl=128 time=84.1 ms
64 bytes from 14.215.177.38 (14.215.177.38): icmp_seq=4 ttl=128 time=35.1 ms

--- www.a.shifen.com ping statistics ---
4 packets transmitted, 4 received, 0% packet loss, time 3006ms
rtt min/avg/max/mdev = 35.113/47.442/84.123/21.178 ms
```

3.3.3 配置主机映射

在所有节点，修改/etc/hosts 文件，添加以下内容（此处添加管理网卡）。

```
192.168.200.100 controller
192.168.200.101 compute
```

Ping 连通性测试：

```
controller × compute
[root@controller ~]# ping compute
PING compute (192.168.200.101) 56(84) bytes of data.
64 bytes from compute (192.168.200.101): icmp_seq=1 ttl=64 time=1.12 ms
64 bytes from compute (192.168.200.101): icmp_seq=2 ttl=64 time=0.843 ms
64 bytes from compute (192.168.200.101): icmp_seq=3 ttl=64 time=0.766 ms
64 bytes from compute (192.168.200.101): icmp_seq=4 ttl=64 time=0.902 ms
64 bytes from compute (192.168.200.101): icmp_seq=5 ttl=64 time=0.741 ms
64 bytes from compute (192.168.200.101): icmp_seq=6 ttl=64 time=0.642 ms
```

```
controller compute ×
[root@compute ~]# ping controller
PING controller (192.168.200.100) 56(84) bytes of data.
64 bytes from controller (192.168.200.100): icmp_seq=1 ttl=64 time=0.618 ms
64 bytes from controller (192.168.200.100): icmp_seq=2 ttl=64 time=0.714 ms
64 bytes from controller (192.168.200.100): icmp_seq=3 ttl=64 time=0.765 ms
64 bytes from controller (192.168.200.100): icmp_seq=4 ttl=64 time=0.851 ms
64 bytes from controller (192.168.200.100): icmp_seq=5 ttl=64 time=1.16 ms
64 bytes from controller (192.168.200.100): icmp_seq=6 ttl=64 time=0.822 ms
```

3.3.4 配置 yum 源

先使用 SecureFX 工具将所需软件包镜像文件上传至控制节点“/”目录下，然后进行挂载：

```
# mount -o loop /Train.iso /mnt/
# cp -rvf /mnt/* /opt/
# umount /mnt/
# mount -o loop CentOS-7-x86_64-DVD-2009.iso /mnt/
# mkdir /opt/centos
# cp -rvf /mnt/* /opt/centos
```

yum 源备份：

```
# mv /etc/yum.repos.d/* /opt/
```

注：本节先创建 local.repo 文件再安装 FTP 服务。

接下来配置 repo 文件。

在/etc/yum.repo.d/下创建 local.repo 文件，然后搭建 FTP 服务器，指向存放 yum 源文件路径。

在控制节点安装 FTP 服务：

```
# yum install -yvsftpd
```

添加配置项：

```
# vi /etc/vsftpd/vsftpd.conf
anon_root=/opt/
```

启动服务：

```
# systemctlstart vsftpd.service
```

注：注意防火墙是否处于关闭状态，源文件包存放于控制节点，在控制节点搭建 FTP 服务器。

1．控制节点

```
# vi /etc/yum.repos.d/local.repo
[centos]
name=centos
baseurl=file:///opt/centos
gpgcheck=0
[openstackT]
name=OpenstackT - Base
baseurl=file:///opt/openstackT
（注：具体 yum 源根据真实环境配置）
gpgcheck=0

[openstack-deplist]
name=OpenstackT-deplist
baseurl=file:///opt/openstack-deplist
（注：具体 yum 源根据真实环境配置）
gpgcheck=0
```

```
controller ×
[centos]
name=centos
baseurl=file:///opt/centos
gpgcheck=0
[openstackT]
name=OpenstackT-Base
baseurl=file:///opt/openstackT
gpgcheck=0
[openstack-deplist]
name=OpenstackT-deplist
baseurl=file:///opt/openstack-deplist
gpgcheck=0
```

2．计算节点

```
[centos]
name=centos
baseurl=ftp://192.168.100.100/centos
gpgcheck=0
[openstackT]
name=OpenstackT-Base
baseurl=ftp://192.168.100.100/openstackT
（注：具体 yum 源根据真实环境配置）
gpgcheck=0

[openstack-deplist]
name=OpenstackT-deplist
baseurl=ftp://192.168.100.100/openstack-deplist
（注：具体 yum 源根据真实环境配置）
gpgcheck=0
```

```
compute ×
[centos]
name=centos
baseurl=ftp://192.168.100.100/centos
[openstackT]
name=OpenstackT-Base
baseurl=ftp://192.168.100.100/openstackT
gpgcheck=0
[openstack-deplist]
name=OpenstackT-deplist
baseurl=ftp://192.168.100.100/openstack-deplist
gpgcheck=0
```

清除缓存：

```
# yum clean all
```

验证 yum 源是否配置成功。安装一些常用的软件：

```
# yum install -y vim net-tools wget
```

注：两个节点都执行。

3.4　软件环境配置

3.4.1　安装 NTP 服务

NTP 服务是一种时钟同步服务，在分布式集群中，为了便于同一生命周期内不同节点服务的管理，需要各个节点的服务严格遵守时钟同步。在以下配置中，以控制节点作为时钟服务器，其他节点以控制节点的时钟作为标准调整自己的时钟。

1. 控制节点和计算节点

在控制节点和计算节点安装 NTP 服务软件包，2009 版本的镜像大部分已自带该包。

```
# yum install chrony -y
```

```
[root@controller ~]# yum install chrony -y
Loaded plugins: fastestmirror, langpacks
Loading mirror speeds from cached hostfile
 * base: mirrors.cqu.edu.cn
 * centos-ceph-nautilus: mirrors.cqu.edu.cn
 * centos-nfs-ganesha28: mirrors.cqu.edu.cn
 * centos-openstack-train: mirrors.tuna.tsinghua.edu.cn
 * centos-qemu-ev: mirrors.cqu.edu.cn
 * epel: mirrors.tuna.tsinghua.edu.cn
 * extras: mirrors.cqu.edu.cn
 * updates: mirrors.cqu.edu.cn
Package chrony-3.4-1.el7.x86_64 already installed and latest version
Nothing to do
```

2. 配置控制节点

编辑/etc/chrony.conf 文件。

添加以下内容，删除前三个 service：

```
server controller iburst
#...
allow 192.168.200.0/24
```

启动 NTP 服务并设置开机自启：

```
# systemctl enable chronyd.service
# systemctl restart chronyd.service
# chronyc sources
```

最后一步是验证操作，如果看到 controller 节点则表示成功。

```
controller ×
[root@controller ~]# chronyc sources
210 Number of sources = 1
MS Name/IP address         Stratum Poll Reach LastRx Last sample
===============================================================================
^? controller                    0   7     0     -     +0ns[   +0ns] +/-    0ns
```

3. 配置计算节点

编辑/etc/chrony.conf 文件。

添加以下内容：

```
# server controller iburst
```

启动 NTP 服务并设置开机自启：

```
# systemctl enable chronyd.service
# systemctl restart chronyd.service
# chronyc sources
```

```
compute ×
[root@compute ~]# chronyc sources
210 Number of sources = 1
MS Name/IP address         Stratum Poll Reach LastRx Last sample
===============================================================================
^? controller                    0   7     0     -     +0ns[   +0ns] +/-    0ns
```

最后一步命令结果应与 controller 节点运行结果相同。

注：NTP 服务需要在每个节点上安装，并与控制节点同步。

3.4.2 安装 OpenStack 包

在控制节点和计算节点安装 OpenStack 包：

```
# yum install python-openstackclient -y
```

注：如果遇到安装失败，则检查/etc/yum.repo.d/文件夹中是否有多余的文件，若有，则删除。

3.4.3 安装并配置 SQL 数据库

SQL 数据库作为基础或扩展服务产生的数据存放的地方，运行在控制节点上。OpenStack 支持的数据库有 MySQL、MariaDB 及 PostgreSQL 等其他数据库。本次安装采用 MariaDB 数据库。

小助手：本次安装会大量地编辑配置文件，但是很多配置文件有许多以 # 开头的注释文件或者空格的命令，不容易找到自己需要编辑的模块。可采用下面的命令，删除 # 和空格的命令：

```
# cat file |grep -v ^# |grep -v ^$ > newfile
```

例如，修改/etc/my.cnf 文件。

（1）备份 my.cnf 文件。

```
# cp /etc/my.cnf /etc/my.cnf.bak
```

（2）删除 # 和空格。

```
# cat /etc/my.cnf.bak |grep -v ^# |grep -v ^$ > /etc/my.cnf
```

1. 安装数据库

OpenStack 支持多种数据库，本次实验以 MariaDB 为例。

控制节点：

```
# yum install mariadb mariadb-server python2-PyMySQL -y
```

```
controller × compute
Running transaction
  Installing : 3:mariadb-config-10.3.20-3.el7.0.0.rdo1.x86_64            1/9
  Installing : 3:mariadb-common-10.3.20-3.el7.0.0.rdo1.x86_64            2/9
  Updating   : 3:mariadb-libs-10.3.20-3.el7.0.0.rdo1.x86_64              3/9
  Installing : 3:mariadb-10.3.20-3.el7.0.0.rdo1.x86_64                   4/9
  Installing : 3:mariadb-errmsg-10.3.20-3.el7.0.0.rdo1.x86_64            5/9
  Installing : psmisc-22.20-17.el7.x86_64                                6/9
  Installing : 3:mariadb-server-10.3.20-3.el7.0.0.rdo1.x86_64            7/9
  Installing : python2-PyMySQL-0.9.2-2.el7.noarch                        8/9
  Cleanup    : 1:mariadb-libs-5.5.68-1.el7.x86_64                        9/9
  Verifying  : 3:mariadb-10.3.20-3.el7.0.0.rdo1.x86_64                   1/9
  Verifying  : 3:mariadb-config-10.3.20-3.el7.0.0.rdo1.x86_64            2/9
  Verifying  : 3:mariadb-libs-10.3.20-3.el7.0.0.rdo1.x86_64              3/9
  Verifying  : 3:mariadb-server-10.3.20-3.el7.0.0.rdo1.x86_64            4/9
  Verifying  : psmisc-22.20-17.el7.x86_64                                5/9
  Verifying  : python2-PyMySQL-0.9.2-2.el7.noarch                        6/9
  Verifying  : 3:mariadb-common-10.3.20-3.el7.0.0.rdo1.x86_64            7/9
  Verifying  : 3:mariadb-errmsg-10.3.20-3.el7.0.0.rdo1.x86_64            8/9
  Verifying  : 1:mariadb-libs-5.5.68-1.el7.x86_64                        9/9

Installed:
  mariadb.x86_64 3:10.3.20-3.el7.0.0.rdo1   mariadb-server.x86_64 3:10.3.20-3.el7.0.0.rdo1
  python2-PyMySQL.noarch 0:0.9.2-2.el7

Dependency Installed:
  mariadb-common.x86_64 3:10.3.20-3.el7.0.0.rdo1
  mariadb-config.x86_64 3:10.3.20-3.el7.0.0.rdo1
  mariadb-errmsg.x86_64 3:10.3.20-3.el7.0.0.rdo1
  psmisc.x86_64 0:22.20-17.el7

Dependency Updated:
  mariadb-libs.x86_64 3:10.3.20-3.el7.0.0.rdo1

Complete!
[root@controller ~]#
```

2. 配置数据库

控制节点：

创建和编辑/etc/my.cnf.d/openstack.cnf。

在[mysqld]部分配置 bind-address 值为控制节点的管理网络 IP 地址，以使其他节点可以通过管理网络访问数据库并在[mysqld]部分配置如下键值来启用一些有用的选项和 UTF-8 字符集。

```
[mysqld]
bind-address = 192.168.200.100
```

```
default-storage-engine = innodb
innodb_file_per_table
max_connections = 4096
collation-server = utf8_general_ci
character-set-server = utf8
```

启动数据库：

```
# systemctl enable mariadb.service
# systemctl start mariadb.service
```

为了保证数据库服务的安全性，运行“mysql_secure_installation”脚本。初始化数据库并设置密码：

```
# mysql_secure_installation
```

controller ×

```
root user without the proper authorisation.

Set root password? [Y/n] y
New password:
Re-enter new password:
Password updated successfully!
Reloading privilege tables..
 ... Success!


By default, a MariaDB installation has an anonymous user, allowing anyone
to log into MariaDB without having to have a user account created for
them.  This is intended only for testing, and to make the installation
go a bit smoother.  You should remove them before moving into a
production environment.

Remove anonymous users? [Y/n] y
 ... Success!

Normally, root should only be allowed to connect from 'localhost'.  This
ensures that someone cannot guess at the root password from the network.

Disallow root login remotely? [Y/n] n
 ... skipping.

By default, MariaDB comes with a database named 'test' that anyone can
access.  This is also intended only for testing, and should be removed
before moving into a production environment.

Remove test database and access to it? [Y/n] y
 - Dropping test database...
 ... Success!
 - Removing privileges on test database...
 ... Success!

Reloading the privilege tables will ensure that all changes made so far
will take effect immediately.

Reload privilege tables now? [Y/n] y
 ... Success!

Cleaning up...

All done!  If you've completed all of the above steps, your MariaDB
installation should now be secure.

Thanks for using MariaDB!
```

初始化过程：

```
NOTE: RUNNING ALL PARTS OF THIS SCRIPT IS RECOMMENDED FOR ALL MariaDB
      SERVERS IN PRODUCTION USE!  PLEASE READ EACH STEP CAREFULLY!

In order to log into MariaDB to secure it, we'll need the current
password for the root user.  If you've just installed MariaDB, and
you haven't set the root password yet, the password will be blank,
so you should just press enter here.

Enter current password for root (enter for none): (第一次输入为回车，因为没有密码)
OK, successfully used password, moving on...

Setting the root password ensures that nobody can log into the MySQL
root user without the proper authorisation.

Set root password? [Y/n] y(第二次输入为 y，然后设置数据库密码)
New password:
Re-enter new password:
Password updated successfully!
Reloading privilege tables..
 ... Success!


By default, a MySQL installation has an anonymous user, allowing anyone
to log into MySQL without having to have a user account created for
them. This is intended only for testing, and to make the installation
go a bit smoother.  You should remove them before moving into a
production environment.

Remove anonymous users? [Y/n] y(第三次输入为 y)
 ... Success!

Normally, root should only be allowed to connect from 'localhost'.  This
ensures that someone cannot guess at the root password from the network.

Disallow root login remotely? [Y/n] n(第四次输入为 n)
 ... skipping.

By default, MySQL comes with a database named 'test' that anyone can
access.  This is also intended only for testing, and should be removed
before moving into a production environment.

Remove test database and access to it? [Y/n] y(第五次输入为 y)
 - Dropping test database...
 ... Success!
 - Removing privileges on test database...
 ... Success!

Reloading the privilege tables will ensure that all changes made so far
```

```
will take effect immediately.

Reload privilege tables now? [Y/n] y(第六次输入为 y)
 ... Success!

Cleaning up...

All done!  If you've completed all of the above steps, your MySQL
installation should now be secure.

Thanks for using MySQL!
```

3.4.4 安装并配置消息服务器

OpenStack 使用 Message Queue 协调操作和各服务的状态信息。消息队列服务本次部署在控制节点上。OpenStack 支持的几种消息队列服务包括 RabbitMQ、Qpid 和 ZeroMQ。我们采用 RabbitMQ 消息队列服务。

在控制节点安装 RabbitMQ：

```
# yum install rabbitmq-server -y
```

```
controller    compute
  Verifying  : erlang-otp_mibs-19.3.6.4-1.el7.x86_64                    3/23
  Verifying  : erlang-xmerl-19.3.6.4-1.el7.x86_64                       4/23
  Verifying  : erlang-mnesia-19.3.6.4-1.el7.x86_64                      5/23
  Verifying  : erlang-runtime_tools-19.3.6.4-1.el7.x86_64               6/23
  Verifying  : erlang-syntax_tools-19.3.6.4-1.el7.x86_64                7/23
  Verifying  : erlang-asn1-19.3.6.4-1.el7.x86_64                        8/23
  Verifying  : erlang-tools-19.3.6.4-1.el7.x86_64                       9/23
  Verifying  : erlang-eldap-19.3.6.4-1.el7.x86_64                      10/23
  Verifying  : lksctp-tools-1.0.17-2.el7.x86_64                        11/23
  Verifying  : erlang-os_mon-19.3.6.4-1.el7.x86_64                     12/23
  Verifying  : erlang-sd_notify-1.0-2.el7.x86_64                       13/23
  Verifying  : erlang-public_key-19.3.6.4-1.el7.x86_64                 14/23
  Verifying  : erlang-inets-19.3.6.4-1.el7.x86_64                      15/23
  Verifying  : erlang-hipe-19.3.6.4-1.el7.x86_64                       16/23
  Verifying  : erlang-compiler-19.3.6.4-1.el7.x86_64                   17/23
  Verifying  : erlang-crypto-19.3.6.4-1.el7.x86_64                     18/23
  Verifying  : erlang-stdlib-19.3.6.4-1.el7.x86_64                     19/23
  Verifying  : rabbitmq-server-3.6.16-1.el7.noarch                     20/23
  Verifying  : erlang-erts-19.3.6.4-1.el7.x86_64                       21/23
  Verifying  : erlang-sasl-19.3.6.4-1.el7.x86_64                       22/23
  Verifying  : erlang-ssl-19.3.6.4-1.el7.x86_64                        23/23

Installed:
  rabbitmq-server.noarch 0:3.6.16-1.el7

Dependency Installed:
  erlang-asn1.x86_64 0:19.3.6.4-1.el7              erlang-compiler.x86_64 0:19.3.6.4-1.el7
  erlang-crypto.x86_64 0:19.3.6.4-1.el7            erlang-eldap.x86_64 0:19.3.6.4-1.el7
  erlang-erts.x86_64 0:19.3.6.4-1.el7              erlang-hipe.x86_64 0:19.3.6.4-1.el7
  erlang-inets.x86_64 0:19.3.6.4-1.el7             erlang-kernel.x86_64 0:19.3.6.4-1.el7
  erlang-mnesia.x86_64 0:19.3.6.4-1.el7            erlang-os_mon.x86_64 0:19.3.6.4-1.el7
  erlang-otp_mibs.x86_64 0:19.3.6.4-1.el7          erlang-public_key.x86_64 0:19.3.6.4-1.el7
  erlang-runtime_tools.x86_64 0:19.3.6.4-1.el7     erlang-sasl.x86_64 0:19.3.6.4-1.el7
  erlang-sd_notify.x86_64 0:1.0-2.el7              erlang-snmp.x86_64 0:19.3.6.4-1.el7
  erlang-ssl.x86_64 0:19.3.6.4-1.el7               erlang-stdlib.x86_64 0:19.3.6.4-1.el7
  erlang-syntax_tools.x86_64 0:19.3.6.4-1.el7      erlang-tools.x86_64 0:19.3.6.4-1.el7
  erlang-xmerl.x86_64 0:19.3.6.4-1.el7             lksctp-tools.x86_64 0:1.0.17-2.el7

Complete!
[root@controller ~]#
```

启动 RabbitMQ 服务并设置开机自启动：

```
# systemctl enable rabbitmq-server.service
# systemctl start rabbitmq-server.service
```

创建 rabbitmq 用户并设置权限。

创建用户：openstack；密码：000000。

```
# rabbitmqctl add_user openstack 000000
```

给 OpenStack 用户授予读/写访问权限：

```
# rabbitmqctl set_permissions openstack ".*" ".*" ".*"
```

```
[root@controller ~]# rabbitmqctl add_user openstack 000000
rabbitmqctl set_permissions openstack ".*" ".*" ".*"
Creating user "openstack"
[root@controller ~]# rabbitmqctl set_permissions openstack ".*" ".*" ".*"
Setting permissions for user "openstack" in vhost "/"
[root@controller ~]#
```

3.4.5 安装 Memcached

认证服务认证缓存使用 Memcached 缓存令牌，缓存服务 Memcached 运行在控制节点上。在生产部署中，建议联合启用防火墙、认证和加密保证它的安全。

在控制节点安装 Memcached：

```
# yum install memcached python-memcached -y
```

```
controller × compute

Dependencies Resolved

================================================================================
 Package                 Arch          Version               Repository            Size
================================================================================
Installing:
 memcached               x86_64        1.5.6-1.el7           openstack-deplist     124 k
 python-memcached        noarch        1.58-1.el7            openstack-deplist      38 k
Installing for dependencies:
 libevent                x86_64        2.0.21-4.el7          centos                214 k

Transaction Summary
================================================================================
Install  2 Packages (+1 Dependent package)

Total download size: 376 k
Installed size: 1.1 M
Downloading packages:
--------------------------------------------------------------------------------
Total                                                28 MB/s | 376 kB  00:00:00
Running transaction check
Running transaction test
Transaction test succeeded
Running transaction
  Installing : libevent-2.0.21-4.el7.x86_64                                  1/3
  Installing : memcached-1.5.6-1.el7.x86_64                                  2/3
  Installing : python-memcached-1.58-1.el7.noarch                            3/3
  Verifying  : python-memcached-1.58-1.el7.noarch                            1/3
  Verifying  : libevent-2.0.21-4.el7.x86_64                                  2/3
  Verifying  : memcached-1.5.6-1.el7.x86_64                                  3/3

Installed:
  memcached.x86_64 0:1.5.6-1.el7          python-memcached.noarch 0:1.58-1.el7

Dependency Installed:
  libevent.x86_64 0:2.0.21-4.el7

Complete!
[root@controller ~]#
```

编辑/etc/sysconfig/memcached 文件并完成以下操作。

配置服务以使用控制器节点的管理 IP 地址，这是为了允许其他节点通过管理网络进行访问：

```
vi /etc/sysconfig/memcached
```

修改行：

```
OPTIONS="-l 127.0.0.1,::1,controller"
```

启动 Memcached 服务并设置开机自启动：

```
# systemctl enable memcached.service
# systemctl start memcached.service
```

3.4.6 安装 Etcd

OpenStack 使用 Etcd 作为分布式可靠的键值存储服务，Etcd 被用于分布式密钥锁定、存储配置、跟踪服务活动和其他场景。Etcd 服务在控制器节点上运行。

安装步骤如下。

（1）安装软件包。

```
# yum install etcd
```

```
controller × compute
[root@controller ~]# yum install etcd
Loaded plugins: fastestmirror
Loading mirror speeds from cached hostfile
Resolving Dependencies
--> Running transaction check
---> Package etcd.x86_64 0:3.3.11-2.el7.centos will be installed
--> Finished Dependency Resolution

Dependencies Resolved

================================================================================
 Package       Arch           Version                  Repository           Size
================================================================================
Installing:
 etcd          x86_64         3.3.11-2.el7.centos      openstack-deplist    10 M

Transaction Summary
================================================================================
Install  1 Package

Total download size: 10 M
Installed size: 45 M
Is this ok [y/d/N]: y
Downloading packages:
Running transaction check
Running transaction test
Transaction test succeeded
Running transaction
  Installing : etcd-3.3.11-2.el7.centos.x86_64                              1/1
  Verifying  : etcd-3.3.11-2.el7.centos.x86_64                              1/1

Installed:
  etcd.x86_64 0:3.3.11-2.el7.centos

Complete!
[root@controller ~]#
```

（2）编辑/etc/etcd/etcd.conf 文件，并设置 ETCD_INITIAL_CLUSTER、ETCD_INITIAL_ADVERTISE_PEER_URLS、ETCD_ADVERTISE_CLIENT_URLS、ETCD_LISTEN_CLIENT_URLS 为控制器节点 IP，以允许其他节点通过管理网络进行访问：

```
# vi /etc/etcd/etcd.conf

#[Member]
ETCD_DATA_DIR="/var/lib/etcd/default.etcd"
ETCD_LISTEN_PEER_URLS="http://192.168.200.100:2380"
ETCD_LISTEN_CLIENT_URLS="http://192.168.200.100:2379"
ETCD_NAME="controller"
#[Clustering]
ETCD_INITIAL_ADVERTISE_PEER_URLS="http://192.168.200.100:2380"
ETCD_ADVERTISE_CLIENT_URLS="http:// 192.168.200.100:2379"
ETCD_INITIAL_CLUSTER="controller=http:// 192.168.200.100:2380"
ETCD_INITIAL_CLUSTER_TOKEN="etcd-cluster-01"
ETCD_INITIAL_CLUSTER_STATE="new"
```

（3）设置开机自启动。

```
# systemctl enable etcd
# systemctl start etcd
```

3.4.7 验证基础环境

在安装完成后，使用命令可查看各服务端口是否开启：

```
# netstat -tunlp
```

```
[root@controller ~]# netstat -tunlp
Active Internet connections (only servers)
Proto Recv-Q Send-Q Local Address           Foreign Address         State       PID/Program name
tcp        0      0 0.0.0.0:25672           0.0.0.0:*               LISTEN      2017/beam.smp
tcp        0      0 192.168.200.100:3306    0.0.0.0:*               LISTEN      1819/mysqld
tcp        0      0 192.168.200.100:2379    0.0.0.0:*               LISTEN      2896/etcd
tcp        0      0 192.168.200.100:11211   0.0.0.0:*               LISTEN      2696/memcached
tcp        0      0 127.0.0.1:11211         0.0.0.0:*               LISTEN      2696/memcached
tcp        0      0 192.168.200.100:2380    0.0.0.0:*               LISTEN      2896/etcd
tcp        0      0 0.0.0.0:4369            0.0.0.0:*               LISTEN      1/systemd
tcp        0      0 0.0.0.0:22              0.0.0.0:*               LISTEN      1013/sshd
tcp        0      0 127.0.0.1:25            0.0.0.0:*               LISTEN      1228/master
tcp6       0      0 :::5672                 :::*                    LISTEN      2017/beam.smp
tcp6       0      0 ::1:11211               :::*                    LISTEN      2696/memcached
tcp6       0      0 :::21                   :::*                    LISTEN      1016/vsftpd
tcp6       0      0 :::22                   :::*                    LISTEN      1013/sshd
tcp6       0      0 ::1:25                  :::*                    LISTEN      1228/master
udp        0      0 0.0.0.0:123             0.0.0.0:*                           735/chronyd
udp        0      0 127.0.0.1:323           0.0.0.0:*                           735/chronyd
udp6       0      0 ::1:323                 :::*                                735/chronyd
```

可以看到，mysqld、etcd、memcached、chronyd（NTP）都已开启，消息队列由于没有配置 Web 界面，所以未发现端口。

也可使用命令查看进程是否正常运行：

```
systemctl status mysqld etcd memcached chronyd
```

至此，OpenStack 基础环境配置完成。

拓展考核

1．以下哪个是 OpenStack 中最核心的服务？（　　）

A. Node　　B. Nova　　C. Neutron　　D. VM

2. 以下哪个不是 OpenStack 中的核心服务？（　　）

A. Neutron　　B. Keystone　　C. Swift　　D. Nova

3. Keystone 为 OpenStack 的各种服务提供____________、____________和服务。

4. Ceilometer 为 OpenStack 提供了____________、____________和服务。

5. 为 OpenStack 提供对象存储服务的组件是____________。

6. 在控制节点上运行的 OpenStack 组件有____________。控制节点也运行支持 OpenStack 的服务，如____________。

7. 请写出 OpenStack 的核心服务，选择其中两个服务并简述它们的作用。

第4章 认证服务 Keystone

学习目标

知识目标

- 了解 Keystone 远景
- 了解 Keystone 服务
- 理解 Keystone 架构

技能目标

- 掌握 Keystone 安装与配置
- 掌握 Keystone 日常运维

素质目标

- 注重职业精神
- 厚植职业理念
- 践行理实一体
- 培养创新能力

项目引导

小杨决定使用 OpenStack 平台作为测试环境所使用的云平台进行部署。在浏览了 OpenStack 的架构和服务后，他找到了需要部署的第一个服务——Keystone。

Keystone 服务是一项认证服务。小杨浏览了概述，发现这里的认证大致有两个方面的作用：针对用户的授权和针对服务的注册发现。这让他不禁想起了现在流行的微服务架构，微服务架构旨在将完整的系统拆分成一个又一个的服务，针对不同作用的服务进行不同方式的部署，使整个系统能够更加稳定和可靠。

Keystone 和微服务架构中的认证中心的概念很相似，它就像一个枢纽，将整个平台串联起来。

相关知识

4.1 Keystone 基本概念

Keystone 是 OpenStack 的身份认证服务，当安装 OpenStack 身份认证服务时，必须将它注册到 OpenStack 安装环境的每个服务，身份认证服务才可以追踪那些已经安装的 OpenStack 服务，并且在网络中定位它们。身份服务通常是用户交互的第一个服务。一旦通过身份验证，最终用户就可以使用他们的身份来访问其他 OpenStack 服务；同样，其他 OpenStack 服务利用身份服务来确保用户是他们所说的人，并发现平台中其他服务的位置。身份服务还可以与一些外部用户管理系统（如 LDAP）集成。

用户和服务可以通过使用由身份服务管理的服务目录来定位其他服务。顾名思义，服务目录是 OpenStack 部署中可用服务的集合。每个服务可以有一个或多个端点，每个端点可以是三种类型之一：管理、内部或公共。在生产环境中，出于安全原因，不同的端点类型可能位于不同的网络上，暴露给不同类型的用户。例如，公共应用编程接口网络可以从互联网上看到，这样客户就可以管理他们的云；管理应用编程接口网络可能仅限于管理云基础架构的组织内的运营商；内部应用编程接口网络可能仅限于包含开放堆栈服务的主机。此外，OpenStack 支持多个区域的可扩展性。

Keystone 组成主要分为以下部分。

域（Domain）：Domain 实现真正的多租户（Multi-tenancy）架构，Domain 担任 Project 的高层容器。云服务的客户是 Domain 的所有者，他们可以在自己的 Domain 中创建多个 Projects、Users、Groups 和 Roles。通过引入 Domain，云服务客户可以对其拥有的多个 Project 进行统一管理，而不必再像过去那样对每一个 Project 进行单独管理。

组（Group）：身份服务 API v3 实体。组是域拥有的用户的集合。授予域或项目的组角色适用于该组中的所有用户。将用户添加到组中或从组中删除用户，将授予或撤销其对关联域或项目的角色和身份验证。

用户（User）：那些使用 OpenStack 云服务的人、系统、服务的数字表示。身份认证服务会验证那些生成调用的用户发过来的请求，用户登录且被赋予令牌以访问资源，用户可以直接被分配到特别的租户和行为，如果他们是被包含在租户中的。

凭证（Credential）：用户身份的确认数据，例如，用户名和密码、用户名和 API 密钥，或者是一个由身份服务提供的授权令牌。

认证（Authentication）：确认用户身份的流程，OpenStack 身份认证服务确认发过来的请求，即验证由用户提供的凭证。

令牌（Token）：一个字母和数字混合的文本字符串，用于用户访问 OpenStack API 和资源。令牌可以随时撤销，并且有一定的时间期限。

租户（Project）：用于组成或隔离资源的容器，租户会组成或隔离身份对象，一个租户会映射到一个客户、一个账户、一个组织或一个项目。

服务（Service）：一个 OpenStack 服务，如计算服务（Nova）、对象服务（Swift）或镜像服务（Glance）。它提供一个或多个端点来让用户访问资源和执行操作。

角色（Role）：定义了一组用户权限的用户，可赋予其执行某些特定的操作。在身份服务中，一个令牌所携带用户信息包含角色列表。服务在被调用时会看用户是什么样的角色，这个角色赋予的权限能够操作什么资源。

Keystone 客户端：为 OpenStack 身份 API 提供的一组命令行接口。例如，用户可以运行 keystone service-create 和 keystone endpoint-create 命令，在其 OpenStack 环境中注册服务。

策略（Policy）：OpenStack 对用户的验证除了 OpenStack 的身份验证外，还需要鉴别用户对某个服务是否有访问权限。Policy 机制就是用来控制某一个 User 在某个 Tenant 中针对某个操作的权限。这个 User 能执行什么操作、不能执行什么操作，都是通过 Policy 机制来实现的。对于 Keystone 服务来说，Policy 就是一个 json 文件，通过配置这个文件(/etc/keystone/policy.json)，Keystone Service 实现了对 User 的基于用户角色的权限管理。

端点（Endpoint）：一个网络可以访问的服务地址，通过它可以访问一个服务，通常是一个 URL 地址。不同 Region 有不同的 Service Endpoint。Endpoint 告诉 OpenStack Service 去哪里访问特定的 Servcie。例如，当 Nova 需要访问 Glance 服务去获取 Image 时，Nova 通过访问 Keystone 拿到 Glance 的 Endpoint，然后通过访问该 Endpoint 去获取 Glance 服务。我们可以通过 Endpoint 的 Region 属性去定义多个 Region。Endpoint 的使用对象分为以下三类。

- Adminurl：给 admin 用户使用。
- Internalurl：供 OpenStack 内部服务使用，以便与其他服务进行通信。
- Publicurl：其他用户可以访问的地址。

同时，身份服务也包含以下主要组件。

- Server：集中式服务器使用 RESTful 接口提供身份验证和授权服务。
- Drivers：驱动程序或服务后端将集成到中央服务器，它们用于访问如 SQL 数据库或 LDAP 服务器这样的外部或本地所提供的身份信息。
- Modules：中间件模块，运行在使用身份服务的组件中。这些模块的主要作用是拦截服务请求、提取用户凭证并最终将其发送到集中式服务器进行授权。中间件模块和组件之间的集成使用 Python 网络服务器网关接口。

项目实施

4.2 Keystone 数据库操作

登录 MySQL 数据库：

```
# mysql -uroot -p000000
```

创建 Keystone 数据库：

```
MariaDB [(none)]>CREATE DATABASE keystone;
```

设置授权用户和密码：

```
MariaDB [(none)]>GRANT ALL PRIVILEGES ON keystone.* TO 'keystone'@'%' IDENTIFIED BY '000000';
MariaDB [(none)]> GRANT ALL PRIVILEGES ON keystone.* TO 'keystone'@'localhost' IDENTIFIED BY
'000000';
MariaDB [(none)]>exit
```

4.3 安装并配置 Keystone

安装 Keystone 所需软件包：

```
# yum install openstack-keystone httpd mod_wsgi -y
```

```
controller ×
Running transaction test
Transaction test succeeded
Running transaction
  正在安装    : python2-oslo-cache-1.37.1-1.el7.noarch
  正在安装    : python2-keystonemiddleware-7.0.1-2.el7.noarch
  正在安装    : 1:python2-keystone-16.0.1-1.el7.noarch
  正在安装    : httpd-2.4.6-97.el7.centos.x86_64
  正在安装    : mod_wsgi-3.4-18.el7.x86_64
  正在安装    : 1:openstack-keystone-16.0.1-1.el7.noarch
  验证中      : 1:openstack-keystone-16.0.1-1.el7.noarch
  验证中      : python2-oslo-cache-1.37.1-1.el7.noarch
  验证中      : httpd-2.4.6-97.el7.centos.x86_64
  验证中      : mod_wsgi-3.4-18.el7.x86_64
  验证中      : python2-keystonemiddleware-7.0.1-2.el7.noarch
  验证中      : 1:python2-keystone-16.0.1-1.el7.noarch

已安装:
  httpd.x86_64 0:2.4.6-97.el7.centos          mod_wsgi.x86_64 0:3.4-18.el7

作为依赖被安装:
  python2-keystone.noarch 1:16.0.1-1.el7  python2-keystonemiddleware.noarch 0:7.

完毕!
```

编辑/etc/keystone/keystone.conf 文件。

做如下配置与修改。

配置数据库链接：

```
[database]
connection = mysql+pymysql://keystone:000000@controller/keystone
```

配置 provider：

```
[token]
provider = fernet
```

同步数据库：

```
# su -s /bin/sh -c "keystone-manage db_sync" keystone
```

注：进入 Keystone 数据库查看是否有数据表，验证是否同步成功。

初始化密钥：

```
# keystone-manage fernet_setup --keystone-user keystone --keystone-group keystone
# keystone-manage credential_setup --keystone-user keystone --keystone-group keystone
```

引导开启身份服务。在 Q 版本发布之前，由于使用 v2 版本的 API 接口，所以 Keystone 需要在两个独立的端口上运行，即 5000 端口和 35357 端口。随着 API 版本升级到了 v3，Keystone 也可以在同一个端口上支持所有的服务了。

```
keystone-manage bootstrap --bootstrap-password 000000 \
  --bootstrap-admin-url http://controller:5000/v3/ \
```

```
--bootstrap-internal-url http://controller:5000/v3/ \
--bootstrap-public-url http://controller:5000/v3/ \
--bootstrap-region-id RegionOne
```

```
controller × compute
[root@controller ~]# keystone-manage fernet_setup --keystone-user keystone --keystone-group
 keystone
[root@controller ~]# keystone-manage credential_setup --keystone-user keystone --keystone-g
roup keystone
[root@controller ~]# keystone-manage bootstrap --bootstrap-password 000000 \
>   --bootstrap-admin-url http://controller:5000/v3/ \
>   --bootstrap-internal-url http://controller:5000/v3/ \
>   --bootstrap-public-url http://controller:5000/v3/ \
>   --bootstrap-region-id RegionOne
[root@controller ~]#
```

4.4 配置 Apache 服务

编辑/etc/httpd/conf/httpd.conf 文件。

添加：

```
ServerName controller
```

创建/usr/share/keystone/wsgi-keystone.conf 文件链接：

```
# ln -s /usr/share/keystone/wsgi-keystone.conf /etc/httpd/conf.d/
```

启动 Apache HTTP 服务并设置开机自启动：

```
# systemctl enable httpd.service
# systemctl start httpd.service
```

4.5 初次验证

1. 配置环境变量

此处显示的这些值是 keystone-manage bootstrap 命令执行后创建的默认值。

```
# export OS_PROJECT_DOMAIN_NAME=Default
# export OS_USER_DOMAIN_NAME=Default
# export OS_PROJECT_NAME=admin
# export OS_USERNAME=admin
# export OS_PASSWORD=000000
# export OS_AUTH_URL=http://controller:5000/v3
# export OS_IDENTITY_API_VERSION=3
# export OS_IMAGE_API_VERSION=2
```

2. 首次验证

在配置完临时的环境变量后，我们已经获得了临时的 admin 用户，其角色为 admin，域为初始化后的 default 域，项目也是初始化后的 default 项目。理论上讲，一个用户在绑定了域、项目、角色后，就获得了相应的资源操作权限。此时，我们使用该临时身份来获取令牌：

openstack token issue

```
controller × compute
Last login: Wed Jul 28 02:58:38 2021 from 192.168.100.1
[root@controller ~]# export OS_PROJECT_DOMAIN_NAME=Default
[root@controller ~]# export OS_USER_DOMAIN_NAME=Default
[root@controller ~]# export OS_PROJECT_NAME=admin
[root@controller ~]# export OS_USERNAME=admin
[root@controller ~]# export OS_PASSWORD=000000
[root@controller ~]# export OS_AUTH_URL=http://controller:5000/v3
[root@controller ~]# export OS_IDENTITY_API_VERSION=3
[root@controller ~]# export OS_IMAGE_API_VERSION=2
[root@controller ~]# openstack token issue
+------------+------------------------------------------------------------------------
--------------+
| Field      | Value
             |
+------------+------------------------------------------------------------------------
--------------+
| expires    | 2021-07-27T12:18:31+0000
             |
| id         | gAAAAABg_-uH12r4ZX98aOTCE89odDBIas9Bz7WyFCLus3wO6RpkTJzklkbk6eajY4rP
URaOlArrEFE7mE |
| project_id | e7f4beeadc5d481fa89ff346e9ce4546
             |
| user_id    | e58aec6ab9484a5ab189ec034cbb4728
             |
+------------+------------------------------------------------------------------------
--------------+
[root@controller ~]#
```

4.6 创建 Domain、Project、User、Role

1. 创建新域（Domain）

openstack domain create --description "An Example Domain" example

```
controller × compute
[root@controller ~]# openstack domain create --description "An Example Domain" example
+-------------+----------------------------------+
| Field       | Value                            |
+-------------+----------------------------------+
| description | An Example Domain                |
| enabled     | True                             |
| id          | 7d4ae56634a34065833679c5c0c787e5 |
| name        | example                          |
| options     | {}                               |
| tags        | []                               |
+-------------+----------------------------------+
```

2. 创建新项目（Project）

创建 Service 项目：

openstack project create --domain default --description "Service Project" service

```
controller × compute
[root@controller ~]# openstack project create --domain default --description "Service Proje
ct" service
+-------------+----------------------------------+
| Field       | Value                            |
+-------------+----------------------------------+
| description | Service Project                  |
| domain_id   | default                          |
| enabled     | True                             |
| id          | 360b47cc0c054acdada4c58e545ab334 |
| is_domain   | False                            |
| name        | service                          |
| options     | {}                               |
| parent_id   | default                          |
| tags        | []                               |
+-------------+----------------------------------+
```

创建普通项目：

```
# openstack project create --domain default --description "Demo Project" myproject
```

```
[root@controller ~]# openstack project create --domain default --description "Demo Project"
 myproject
+-------------+----------------------------------+
| Field       | Value                            |
+-------------+----------------------------------+
| description | Demo Project                     |
| domain_id   | default                          |
| enabled     | True                             |
| id          | 8d2db4d9f432494e82cd58f83ba78b14 |
| is_domain   | False                            |
| name        | myproject                        |
| options     | {}                               |
| parent_id   | default                          |
| tags        | []                               |
+-------------+----------------------------------+
```

3. 创建新用户（User）

```
# openstack user create --domain default --password-prompt myuser
```

```
[root@controller ~]# openstack user create --domain default --password-prompt myuser
User Password:
Repeat User Password:
+---------------------+----------------------------------+
| Field               | Value                            |
+---------------------+----------------------------------+
| domain_id           | default                          |
| enabled             | True                             |
| id                  | fcbd1b6f02b543919ec3628dd4139002 |
| name                | myuser                           |
| options             | {}                               |
| password_expires_at | None                             |
+---------------------+----------------------------------+
```

4. 创建新角色（Role）

```
# openstack role create myrole
```

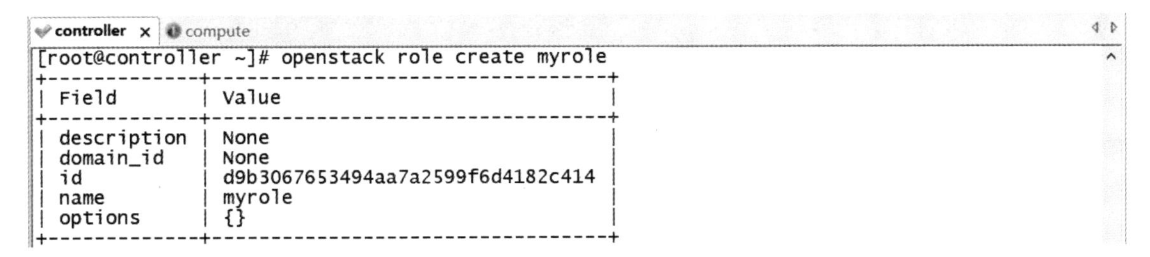

```
[root@controller ~]# openstack role create myrole
+-------------+----------------------------------+
| Field       | Value                            |
+-------------+----------------------------------+
| description | None                             |
| domain_id   | None                             |
| id          | d9b3067653494aa7a2599f6d4182c414 |
| name        | myrole                           |
| options     | {}                               |
+-------------+----------------------------------+
```

5. 进行关联

将 myrole 角色添加到 myproject 项目和 myuser 用户：

```
# openstack role add --project myproject --user myuser myrole
```

4.7　验证 Keystone 服务

1. 不生效临时的环境变量

```
# unset OS_TOKEN OS_URL
```

2. 使用 admin 用户来请求身份验证令牌

```
# openstack --os-auth-url http://controller:5000/v3 --os-project-domain-name Default --os-user-domain- name Default --os-project-name admin --os-username admin token issue
```

```
controller ×
Last login: Fri Jun  4 03:25:52 2021 from 192.168.200.1
[root@controller ~]# unset OS_AUTH_URL OS_PASSWORD
[root@controller ~]# openstack --os-auth-url http://controller:5000/v3   --os-pr
t   --os-project-name admin --os-username admin token issue
Password:
Password:
+------------+-----------------------------------------------------------------
---------------------------------------------------------+
| Field      | Value
                                                         |
+------------+-----------------------------------------------------------------
---------------------------------------------------------+
| expires    | 2021-06-04T08:53:17+0000
                                                         |
| id         | gAAAAABgudvtrH51I1lVjtDu3xxn6eaJb-1JbrniGxGEoLAZDFHMg_FgWlZflWFkO
BU4vUzw7DlWLyjaU-Wdm_tBnHSu6GZ1kXL7A8wT2lHj6zF8QY2yuXyIolPe2dl2I |
| project_id | a35f13ff3bde49aeaa0d569b91e52860
                                                         |
| user_id    | e55ba6c606164e3e9e4dc3ce4f42b390
                                                         |
+------------+-----------------------------------------------------------------
---------------------------------------------------------+
[root@controller ~]# █
```

注：图中两次 Password 输入均为之前创建 admin 用户时输入的密码。

3. 编写 OpenStack 客户端变量脚本

创建/root/admin-openrc 文件。

添加：

```
export OS_PROJECT_DOMAIN_NAME=default
export OS_USER_DOMAIN_NAME=default
export OS_PROJECT_NAME=admin
export OS_USERNAME=admin
export OS_PASSWORD=000000
export OS_AUTH_URL=http://controller:5000/v3
export OS_IDENTITY_API_VERSION=3
export OS_IMAGE_API_VERSION=2
```

创建/root/demo-openrc 文件。

添加：

```
export OS_PROJECT_DOMAIN_NAME=default
export OS_USER_DOMAIN_NAME=default
export OS_PROJECT_NAME=myproject
export OS_USERNAME=myuser
export OS_PASSWORD=000000
export OS_AUTH_URL=http://controller:5000/v3
export OS_IDENTITY_API_VERSION=3
export OS_IMAGE_API_VERSION=2
```

4. 生效并验证

```
# . admin-openrc
# openstack token issue
```

```
controller × compute
[root@controller ~]# . admin-openrc
[root@controller ~]# openstack token issue
+------------+---------------------------------------------------------------------------------
---------------------------------------------------------------------------------------------
-----------------+
| Field      | Value
                  |
+------------+---------------------------------------------------------------------------------
---------------------------------------------------------------------------------------------
-----------------+
| expires    | 2021-06-10T09:47:46+0000
                  |
| id         | gAAAAABgwdGyy6Kg61AaCiyOcaU53-_LjCIkLyDfWx8O6wOne1JD-7DOEq-9SU9CW9pUQmYMBxBV
qddorTBkBQRjQCMUN_nJOM_jGPt72SExGT6FgrtPA2KM7mAIqA6BXVATA33ub5s1fBt_ISAOe6gRxFN8XVcbzhRcnLK
QoqNKwcKNp_XkFug |
| project_id | e0161d78876f4b8d97eb26f3b8798580
                  |
| user_id    | bca2d25c006b41fcbb2d25d4e4ddbe02
                  |
+------------+---------------------------------------------------------------------------------
---------------------------------------------------------------------------------------------
-----------------+
```

Keystone 组件用户（User）与镜像服务（Glance）、计算服务（Nova）、网络服务（Neutron）等其他服务的关系如图 4-1 所示。

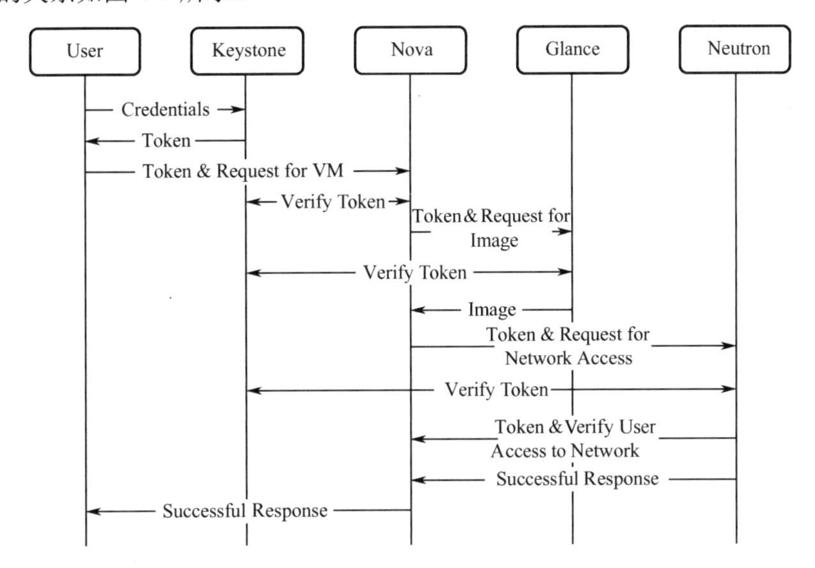

图 4-1　Keystone 组件用户与其他服务的关系

Keystone 与其他 OpenStack Service 之间的交互和协同工作：首先 User 向 Keystone 提供自己的 Credentials（凭证：用于确认用户身份的数据）。Keystone 会从 SQL Database 中读取数据对 User 提供的 Credentials 进行验证，如验证通过，会向 User 返回一个 Token，该 Token 限定了可以在有效时间内被访问的 OpenStack API Endpoint 和资源。此后，User 所有的 Request 都会使用该 Token 进行身份验证。如用户向 Nova 申请虚拟机服务，Nova 会将 User 提供的 Token 发送给 Keystone 进行 Verify 验证，Keystone 会根据 Token 判断 User 是否拥有执行申请虚拟机操作的权限，若验证通过，则 Nova 会向其提供相对应的服务。其他 OpenStack 组件和 Keystone 的交互也是如此。

所以，Keystone 在整个 OpenStack 组件中的位置如图 4-2 所示。

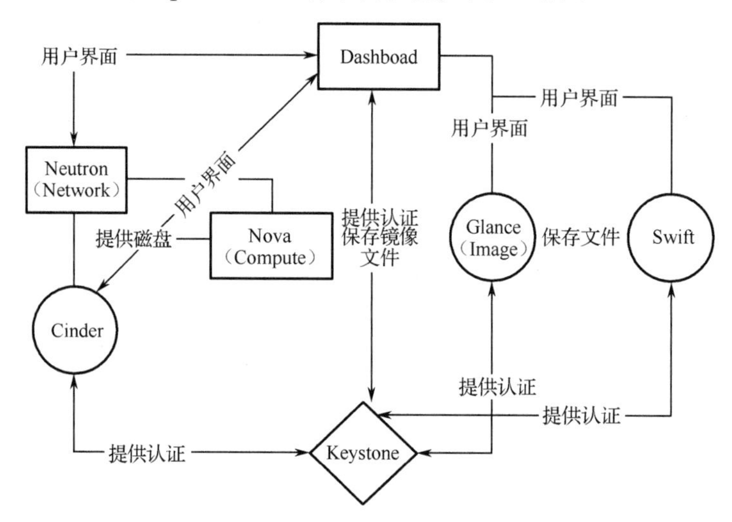

图 4-2　Keystone 在整个 OpenStack 组件中的位置

拓展考核

1．Keystone 是 OpenStack 的____________服务，当安装 OpenStack 的____________服务时，必须将它注册到 OpenStack 安装环境的每个服务，身份认证服务才可以追踪那些已经安装的 OpenStack 服务，并且在网络中定位它们。Keystone 组成主要分为以下几部分：____________、____________、____________、____________、____________、____________、____________、____________、____________、____________、____________、____________。

2．同步 Keystone 数据库的命令是____________。

3．生成随机值的命令是____________。

4．Keystone 服务管理端点的端口号是____________。

5．如何创建一个名为 cqcet 的 Project？

6．如何用命令创建一个名为 cqcet 的数据库，并新建 cqcet 用户（密码为自己的学号）获得该数据库的所有权限？

第5章

镜像服务 Glance

学习目标

知识目标

- 了解 Glance 原理
- 理解 Glance 服务

技能目标

- 掌握 Glance 安装与配置
- 掌握 Glance 日常运维

素质目标

- 注重职业精神
- 厚植职业理念
- 践行理实一体
- 培养创新能力

项目引导

小杨部署完 Keystone 身份认证服务后，想起了老板提出的要求：需要让测试人员在不同环境下完成相关系统测试。

在他的记忆中，软件测试部门经常使用的系统环境就有 CentOS、Ubuntu、Windows 三类，往往是针对不同的需求，开启不同系统的虚拟机；不仅如此，在系统中安装不同版本、不同数量的测试软件也是一项烦琐的工作。

鉴于此，小杨浏览了 OpenStack 的架构图，找到了 Glance 镜像服务。

相关知识

5.1 Glance 基本概念

Glance 是 OpenStack 镜像服务，用来注册、登录和检索虚拟机镜像。Glance 服务提供了一个 REST API，使用户能够查询虚拟机镜像元数据和检索的实际镜像。通过镜像服务提供的虚拟机镜像可以存储在不同的位置，如从简单的文件系统对象存储到类似 OpenStack 的对象存储系统。

为简单起见，本次安装镜像服务使用普通文件系统作为存储后端，也就是说上传镜像将被存储在一个目录里。这个目录是控制节点的一个目录，要确保这个目录能提供足够的空间，然后再存储虚拟机的镜像和快照。

OpenStack 镜像服务包含以下 4 个组件。

（1）Glance-api：接收镜像 API 的调用，如镜像发现、恢复、存储。

（2）Database：存储图像元数据，用户可以根据自己的喜好选择数据库。大多数部署使用 MySQL 或 SQLite。

（3）Storage repository for image files：图像文件的存储库，支持各种存储库类型，包括普通文件系统（或安装在 API 控制器节点上的任何文件系统）、对象存储、RADOS 块设备、VMware 数据存储和 HTTP。请注意，有些存储库仅支持只读使用。

（4）Metadata definition service：元数据定义服务，一个通用的应用编程接口，供应商、管理员、服务和用户都可以定义他们自己的专属元数据。这些元数据可用于不同类型的资源，如图像、工件、卷、风格和聚合；定义包括新属性的键、描述、约束和与之关联的资源类型。

如图 5-1 所示为 Glance 架构图。

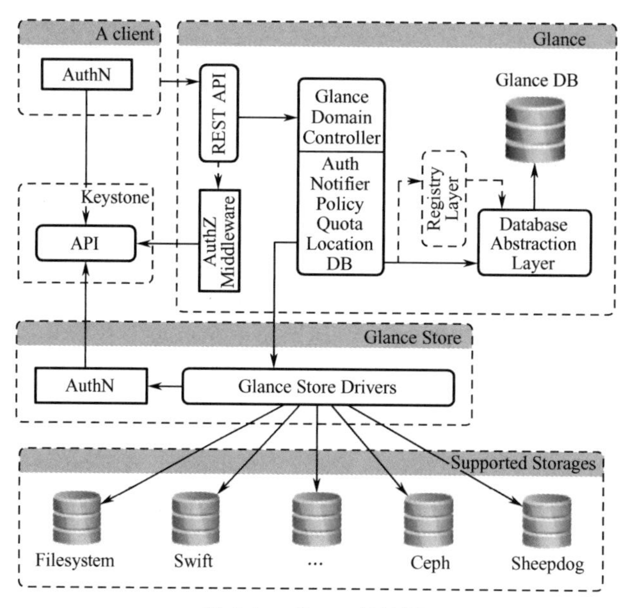

图 5-1 Glance 架构图

Glance 体系结构中包含以下组件。

（1）客户端：使用 Glance 服务器的任何应用程序。

（2）REST API：Glance 功能通过 REST 公开。

（3）数据库抽象层（DAL）：应用程序编程接口（API）统一了 Glance 和数据库之间的通信。

（4）Glance 域控制器（Glance Domain Controller）：完成 Glance 主要功能的中间件，如授权、通知、策略、数据库连接。

（5）Glance 商店（Glance Store）：用于组织 Glance 与各种商品之间的互动，如数据存储。

（6）注册表层（Registry Layer）：可选层，通过使用单独的服务来组织 Domain 和 DAL 之间的安全通信。

项目实施

5.2　数据库配置

登录 MySQL 数据库：

```
# mysql -uroot -p
```

创建 Glance 数据库：

```
MariaDB [(none)]> CREATE DATABASE glance;
```

设置授权用户和密码：

```
MariaDB [(none)]>GRANT ALL PRIVILEGES ON glance.* TO 'glance'@'%' IDENTIFIED BY '000000';
MariaDB [(none)]> GRANT ALL PRIVILEGES ON glance.* TO 'glance'@'localhost' IDENTIFIED BY '000000';
MariaDB [(none)]>exit
```

5.3　创建服务凭证和 API 端点

1. 生效 admin 用户环境变量

```
# . admin-openrc
```

2. 创建服务凭证

创建名为 glance 的用户（user）：

```
# openstack user create --domain default --password-prompt glance
```

```
controller × compute
[root@controller ~]# . admin-openrc
[root@controller ~]# openstack user create --domain default --password-prompt glance
User Password:
Repeat User Password:
+---------------------+----------------------------------+
| Field               | Value                            |
+---------------------+----------------------------------+
| domain_id           | default                          |
| enabled             | True                             |
| id                  | 67ea4dd6123544708134481d5e8ddb47 |
| name                | glance                           |
| options             | {}                               |
| password_expires_at | None                             |
+---------------------+----------------------------------+
```

进行关联，即添加 admin 角色到 glance 用户和 service 租户：

```
# openstack role add --project service --user glance admin
```

创建 Glance 服务实体认证：

```
# openstack service create --name glance --description "OpenStack Image" image
```

```
controller × compute
[root@controller ~]# openstack service create --name glance --description "OpenStack Image"
 image
+-------------+----------------------------------+
| Field       | Value                            |
+-------------+----------------------------------+
| description | OpenStack Image                  |
| enabled     | True                             |
| id          | cd36a7180cf14e2189a575ba336ca0d9 |
| name        | glance                           |
| type        | image                            |
+-------------+----------------------------------+
```

3. 创建镜像服务的 API 端点

创建公共端点：

```
# openstack endpoint create --region RegionOne image public http://controller:9292
```

创建外部端点：

```
# openstack endpoint create --region RegionOne image internal http://controller:9292
```

创建管理端点：

```
# openstack endpoint create --region RegionOne image admin http://controller:9292
```

```
controller × compute
[root@controller ~]# openstack endpoint create --region RegionOne image public http://contr
oller:9292
+--------------+----------------------------------+
| Field        | Value                            |
+--------------+----------------------------------+
| enabled      | True                             |
| id           | f62e3f133b814cb6a249f2a22b4ce5dd |
| interface    | public                           |
| region       | RegionOne                        |
| region_id    | RegionOne                        |
| service_id   | cd36a7180cf14e2189a575ba336ca0d9 |
| service_name | glance                           |
| service_type | image                            |
| url          | http://controller:9292           |
+--------------+----------------------------------+
[root@controller ~]# openstack endpoint create --region RegionOne image internal http://con
troller:9292
+--------------+----------------------------------+
| Field        | Value                            |
+--------------+----------------------------------+
| enabled      | True                             |
| id           | 4161633463f6469f839aff90e23cd24c |
| interface    | internal                         |
| region       | RegionOne                        |
| region_id    | RegionOne                        |
| service_id   | cd36a7180cf14e2189a575ba336ca0d9 |
| service_name | glance                           |
| service_type | image                            |
| url          | http://controller:9292           |
+--------------+----------------------------------+
```

```
controller × | compute
[root@controller ~]# openstack endpoint create --region RegionOne  image admin http://contr
oller:9292
+--------------+----------------------------------+
| Field        | Value                            |
+--------------+----------------------------------+
| enabled      | True                             |
| id           | 095543fda61f4094b40e1b07905bbdbd |
| interface    | admin                            |
| region       | RegionOne                        |
| region_id    | RegionOne                        |
| service_id   | cd36a7180cf14e2189a575ba336ca0d9 |
| service_name | glance                           |
| service_type | image                            |
| url          | http://controller:9292           |
+--------------+----------------------------------+
```

5.4 安装并配置 Glance

1. 安装 Glance 所需软件包

```
# yum install openstack-glance -y
```

2. 配置 Glance 所需组件

编辑/etc/glance/glance-api.conf 文件。

编辑[database]部分，配置数据库连接访问：

```
[database]
connection = mysql+pymysql://glance:000000@controller/glance
```

编辑[keystone_authtoken]和[paste_deploy]，配置 Keystone 认证服务访问:

```
[keystone_authtoken]
www_authenticate_uri   = http://controller:5000
auth_url = http://controller:5000
memcached_servers = controller:11211
auth_type = password
project_domain_name = Default
user_domain_name = Default
project_name = service
username = glance
password = 000000
[paste_deploy]
flavor = keystone
```

注：password 密码是创建 glance 用户时设置的密码，可灵活设定。

编辑[glance_store]部分，配置本地文件系统存储和镜像位置：

```
[glance_store]
stores = file,http
default_store = file
filesystem_store_datadir = /var/lib/glance/images/
```

3. 同步数据库

```
# su -s /bin/sh -c "glance-manage db_sync" glance
```

```
controller × compute
INFO  [alembic.runtime.migration] Running upgrade mitaka01 -> mitaka02, update metadef os_n
ova_server
INFO  [alembic.runtime.migration] Running upgrade mitaka02 -> ocata_expand01, add visibilit
y to images
INFO  [alembic.runtime.migration] Running upgrade ocata_expand01 -> pike_expand01, empty ex
pand for symmetry with pike_contract01
INFO  [alembic.runtime.migration] Running upgrade pike_expand01 -> queens_expand01
INFO  [alembic.runtime.migration] Running upgrade queens_expand01 -> rocky_expand01, add os
_hidden column to images table
INFO  [alembic.runtime.migration] Running upgrade rocky_expand01 -> rocky_expand02, add os_
hash_algo and os_hash_value columns to images table
INFO  [alembic.runtime.migration] Running upgrade rocky_expand02 -> train_expand01, empty e
xpand for symmetry with train_contract01
INFO  [alembic.runtime.migration] Context impl MySQLImpl.
INFO  [alembic.runtime.migration] Will assume non-transactional DDL.
Upgraded database to: train_expand01, current revision(s): train_expand01
INFO  [alembic.runtime.migration] Context impl MySQLImpl.
INFO  [alembic.runtime.migration] Will assume non-transactional DDL.
INFO  [alembic.runtime.migration] Context impl MySQLImpl.
INFO  [alembic.runtime.migration] Will assume non-transactional DDL.
Database migration is up to date. No migration needed.
INFO  [alembic.runtime.migration] Context impl MySQLImpl.
INFO  [alembic.runtime.migration] Will assume non-transactional DDL.
INFO  [alembic.runtime.migration] Context impl MySQLImpl.
INFO  [alembic.runtime.migration] Will assume non-transactional DDL.
INFO  [alembic.runtime.migration] Running upgrade mitaka02 -> ocata_contract01, remove is_p
ublic from images
INFO  [alembic.runtime.migration] Running upgrade ocata_contract01 -> pike_contract01, drop
 glare artifacts tables
INFO  [alembic.runtime.migration] Running upgrade pike_contract01 -> queens_contract01
INFO  [alembic.runtime.migration] Running upgrade queens_contract01 -> rocky_contract01
INFO  [alembic.runtime.migration] Running upgrade rocky_contract01 -> rocky_contract02
INFO  [alembic.runtime.migration] Running upgrade rocky_contract02 -> train_contract01
INFO  [alembic.runtime.migration] Context impl MySQLImpl.
INFO  [alembic.runtime.migration] Will assume non-transactional DDL.
Upgraded database to: train_contract01, current revision(s): train_contract01
INFO  [alembic.runtime.migration] Context impl MySQLImpl.
INFO  [alembic.runtime.migration] Will assume non-transactional DDL.
Database is synced successfully.
[root@controller ~]#
```

注：进入 Glance 数据库查看是否有数据表，验证是否同步成功。

4. 启动 Glance 服务并设置开机自启动

```
# systemctl enable openstack-glance-api.service
# systemctl start openstack-glance-api.service
```

5.5 验证 Glance 服务

1. 生效 admin 用户环境变量

```
# . admin-openrc
```

2. 下载镜像

下载镜像，将镜像文件用 SecureFX 工具上传至控制节点“/”目录。

3. 上传镜像

使用 qcow2 磁盘格式、bare 容器格式上传镜像到镜像服务并设置为公共可见，以便所有的租户都可以访问。

```
# glance image-create --name "cirros" \
--file cirros-0.3.4-x86_64-disk.img \
--disk-format qcow2 --container-format bare \
--visibility public
```

```
[root@controller ~]# glance image-create --name "cirros" \
> --file cirros-0.3.4-x86_64-disk.img  \
> --disk-format qcow2 --container-format bare \
> --visibility public
+------------------+----------------------------------------------------------------------------------+
| Property         | Value                                                                            |
+------------------+----------------------------------------------------------------------------------+
| checksum         | ee1eca47dc88f4879d8a229cc70a07c6                                                 |
| container_format | bare                                                                             |
| created_at       | 2021-06-08T11:52:29Z                                                             |
| disk_format      | qcow2                                                                            |
| id               | e9e19b75-c3a2-4909-8cdf-dae0a3b1f95f                                             |
| min_disk         | 0                                                                                |
| min_ram          | 0                                                                                |
| name             | cirros                                                                           |
| os_hash_algo     | sha512                                                                           |
| os_hash_value    | 1b03ca1bc3fafe448b90583c12f367949f8b0e665685979d95b004e48574b953316799e23240f4f7 |
|                  | 39d1b5eb4c4ca24d38fdc6f4f9d8247a2bc64db25d6bbdb2                                 |
| os_hidden        | False                                                                            |
| owner            | eb29d98cce954980937c584769240527                                                 |
| protected        | False                                                                            |
| size             | 13287936                                                                         |
| status           | active                                                                           |
| tags             | []                                                                               |
| updated_at       | 2021-06-08T11:52:29Z                                                             |
| virtual_size     | Not available                                                                    |
| visibility       | public                                                                           |
+------------------+----------------------------------------------------------------------------------+
```

上传镜像文件的格式为：

```
# openstack image create "cirros" --file cirros-0.3.4-x86_64-disk.img --disk-format qcow2 --container- format bare --public
```

其中

"cirros"：镜像名称。

--file：上传镜像的存储位置。

--disk-format：指定镜像文件的格式，有效格式为 qcow2、raw、vhd、vmdk、vdi、iso、aki、ari、ami。用户可以使用 file 命令查询文件格式。

--container-format：指定容器的格式，有效格式有 bare、ovf、aki、ari、ami。

--public：值为 true/false（可见/不可见）。

4. 查看上传的镜像并验证属性

```
# glance image-list
```

```
[root@controller ~]# glance image-list
+--------------------------------------+--------+
| ID                                   | Name   |
+--------------------------------------+--------+
| a7cde751-e2ff-4b25-94f7-f76b32f68c54 | cirros |
+--------------------------------------+--------+
```

```
# openstack image show cirros
```

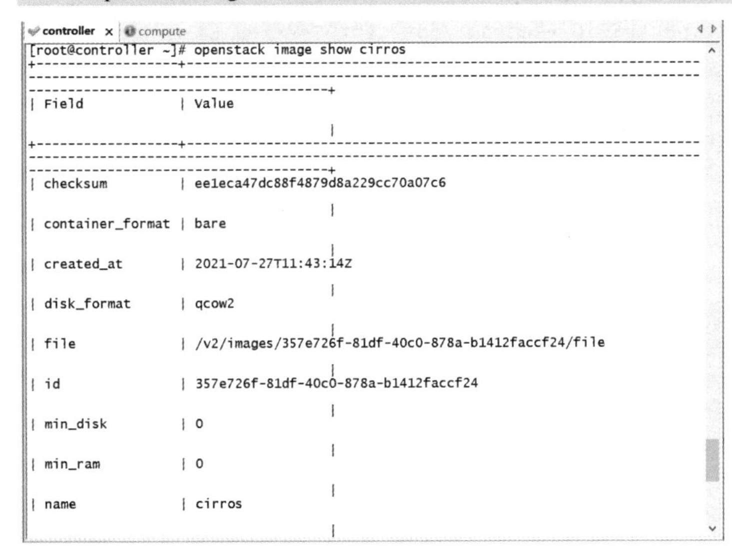

```
controller  compute
[root@controller ~]# openstack image show cirros
+------------------+------------------------------------------------------------
| Field            | Value                                       |
+------------------+------------------------------------------------------------
| checksum         | ee1eca47dc88f4879d8a229cc70a07c6            |
| container_format | bare                                        |
| created_at       | 2021-07-27T11:43:14Z                        |
| disk_format      | qcow2                                       |
| file             | /v2/images/357e726f-81df-40c0-878a-b1412faccf24/file
| id               | 357e726f-81df-40c0-878a-b1412faccf24        |
| min_disk         | 0                                           |
| min_ram          | 0                                           |
| name             | cirros                                      |
```

5.6 制作 CentOS 7 镜像

第 2 章讲解了如何安装和使用 KVM，并使用界面方式安装了虚拟机，这里使用命令的方式来为 Glance 服务制作一个镜像。先按照第 2 章所述安装软件包和启用服务，镜像制作可在任意一台服务器中进行。

（1）确保 CentOS-7-x86_64-Minimal-2009.iso 镜像文件在服务器中，这里将该镜像文件放在/opt 目录中。

```
[root@controller ~]#ls -l   /opt/CentOS-7-x86_64-Minimal-2009.iso
```

切换到/tmp 目录，创建一个 10GB 大小的镜像文件，名字为 centos7_mini：

```
[root@controller ~]#cd /tmp/
[root@controller tmp]#qemu-img create -f raw centos7_mini.img 10G
```

```
controller × compute
[root@controller ~]# ls -l  /opt/CentOS-7-x86_64-Minimal-2009.iso
-rw-r--r--. 1 qemu qemu 1020264448 Aug 10 15:10 /opt/CentOS-7-x86_64-Minimal-2009
.iso
[root@controller ~]# cd /tmp/
[root@controller tmp]# qemu-img create -f raw centos7_mini.img 10G
Formatting 'centos7_mini.img', fmt=raw size=10737418240
[root@controller tmp]# _
```

（2）部署虚拟机。

```
[root@controller]# virt-install --name centos7_mini --ram 1024 --vcpus=1 --disk path=/tmp/centos7_mini. img --network network:default,model=virtio --arch=x86_64 --os-type=linux --graphics vnc,port=5910 --cdrom /opt/CentOS-7-x86_64-Minimal-2009.iso --boot cdrom
```

结果如下所示：

```
controller × compute
[root@controller tmp]# ls
centos7_mini.img
[root@controller tmp]# virt-install --name centos7_mini --ram 1024 --vcpus=1 --di
sk path=/tmp/centos7_mini.img --network network:default,model=virtio --arch=x86_6
4 --os-type=linux --graphics vnc,port=5910 --cdrom /opt/CentOS-7-x86_64-Minimal-2
009.iso --boot cdrom
WARNING  No operating system detected, VM performance may suffer. Specify an OS w
ith --os-variant for optimal results.
WARNING  Unable to connect to graphical console: virt-viewer not installed. Pleas
e install the 'virt-viewer' package.
WARNING  No console to launch for the guest, defaulting to --wait -1

Starting install...
Domain installation still in progress. Waiting for installation to complete.
```

（3）启动图形界面。

```
[root@controller]# virt-manager
```

连接虚拟主机，如图 5-2 所示。

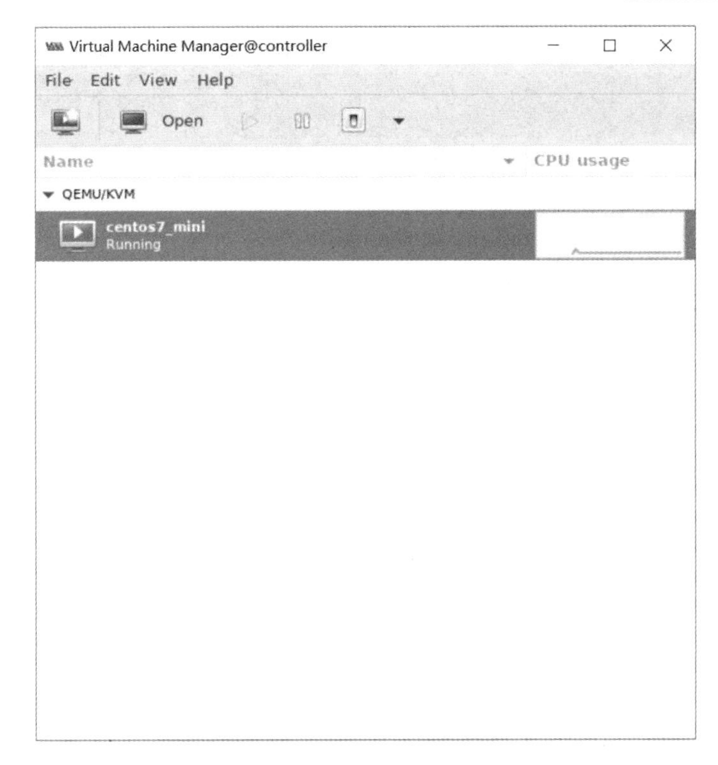

图 5-2　连接虚拟主机

单击“Open”按钮打开虚拟机。

（4）开始安装虚拟操作系统。

第一步：安装 CentOS 7 操作系统，如图 5-3 所示。

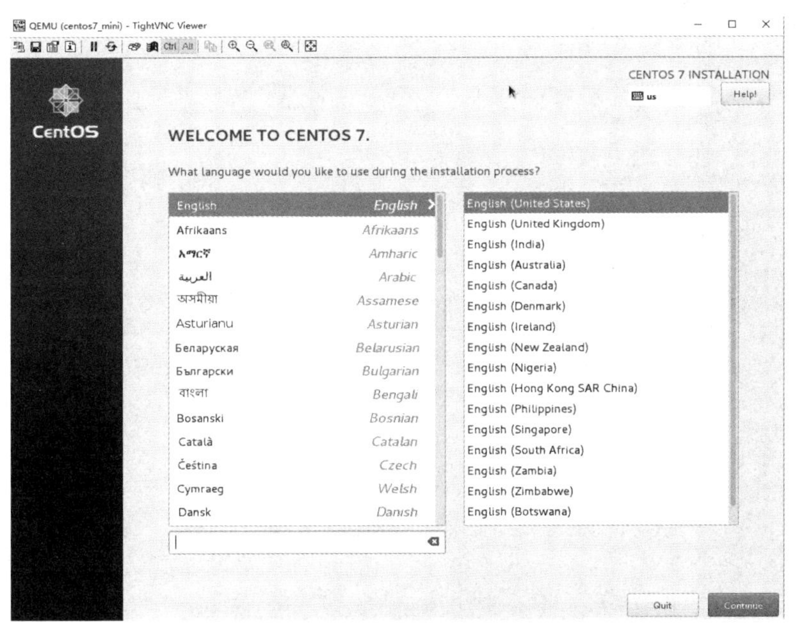

图 5-3　安装 CentOS 7 操作系统

第二步：更改磁盘，如图 5-4 所示。

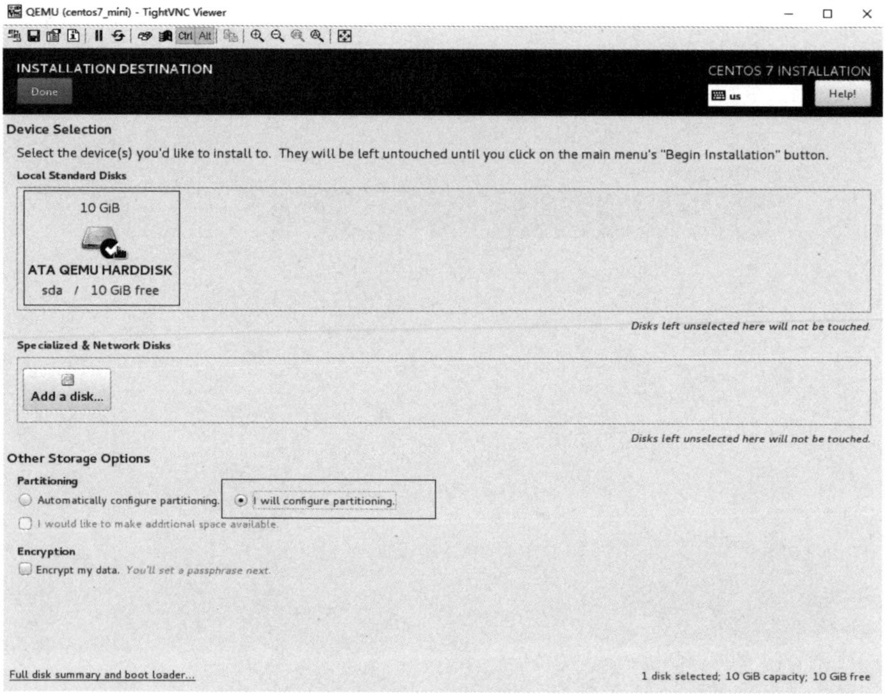

QEMU (centos7_mini) - TightVNC Viewer

INSTALLATION DESTINATION
Done
CENTOS 7 INSTALLATION
us
Help!

Device Selection
Select the device(s) you'd like to install to. They will be left untouched until you click on the main menu's "Begin Installation" button.
Local Standard Disks
10 GiB
ATA QEMU HARDDISK
sda / 10 GiB free
Disks left unselected here will not be touched.
Specialized & Network Disks
Add a disk...
Disks left unselected here will not be touched.
Other Storage Options
Partitioning
Automatically configure partitioning. I will configure partitioning.
I would like to make additional space available.
Encryption
Encrypt my data. You'll set a passphrase next.
Full disk summary and boot loader...
1 disk selected; 10 GiB capacity; 10 GiB free

图 5-4　更改磁盘

第三步：选择磁盘，如图 5-5 所示。

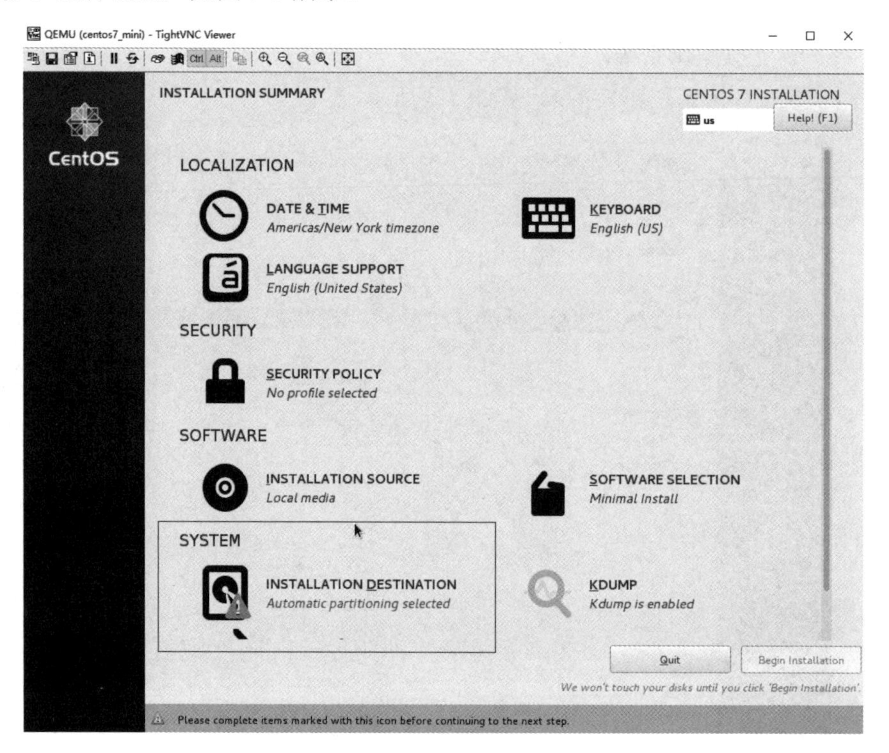

图 5-5　选择磁盘

第四步：磁盘分区操作，如图 5-6 所示。

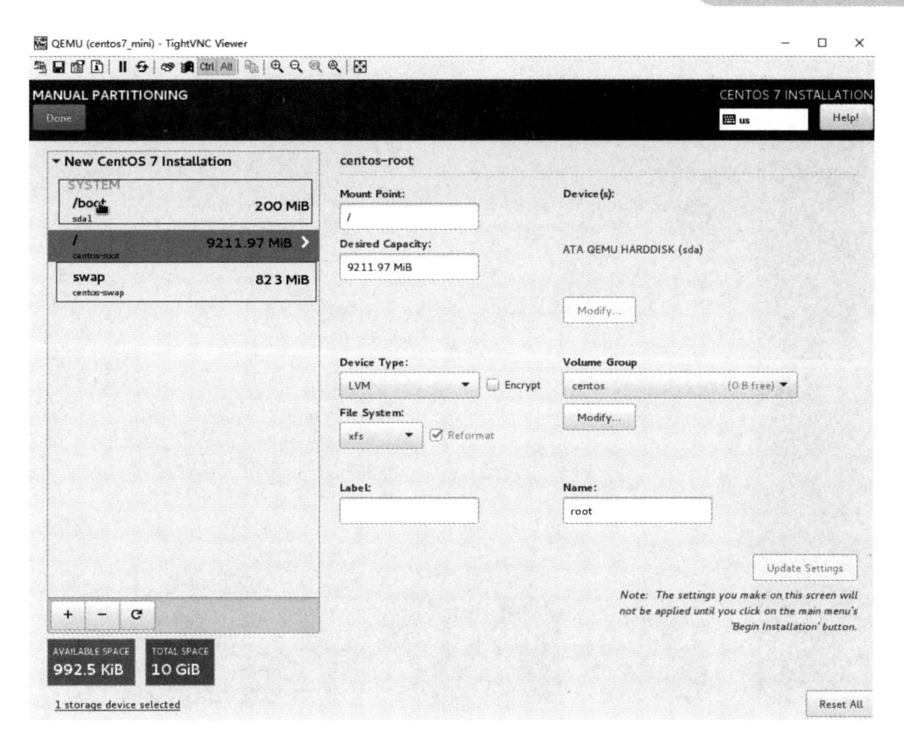

图 5-6 磁盘分区操作

第五步：设置 Root 账户密码，如图 5-7 所示。

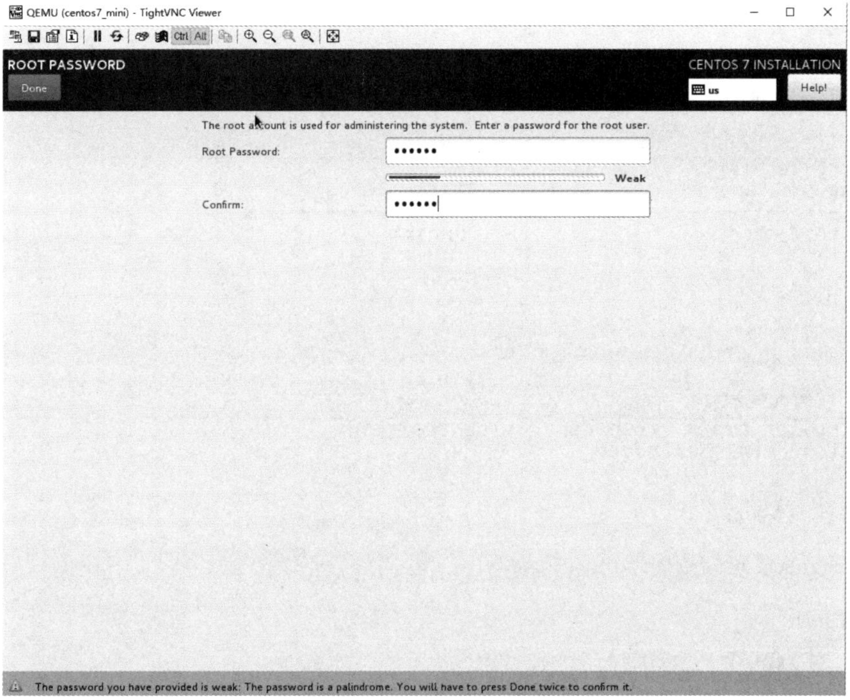

图 5-7 设置 Root 账户密码

第六步：安装系统，如图 5-8 所示。

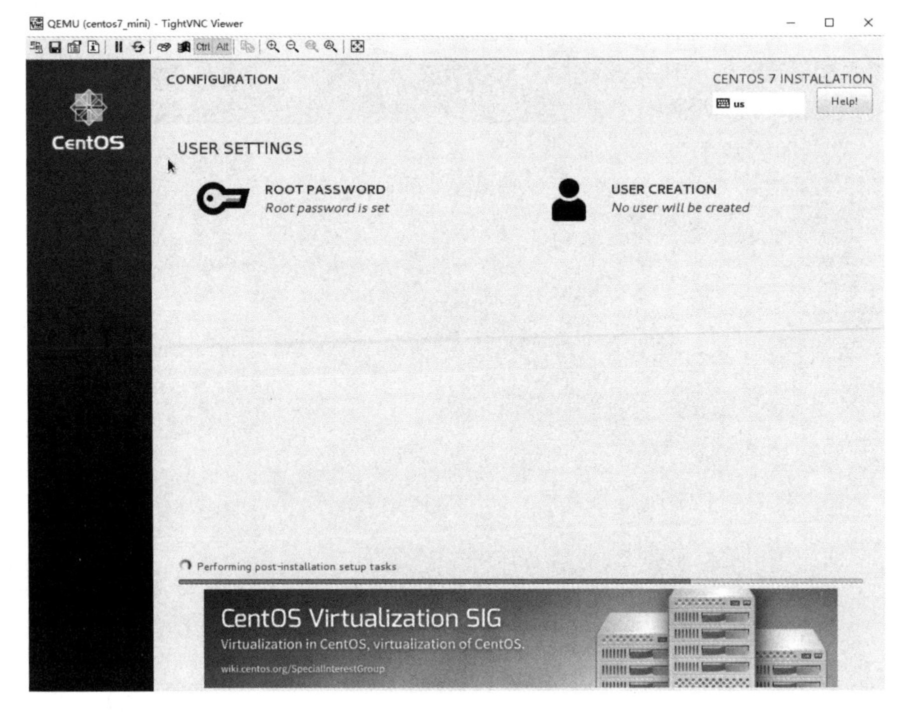

图 5-8　安装系统

（5）完成安装、重启之后，查看虚拟机状态。启动虚拟机，重新通过启动图形界面来连接到虚拟桌面。

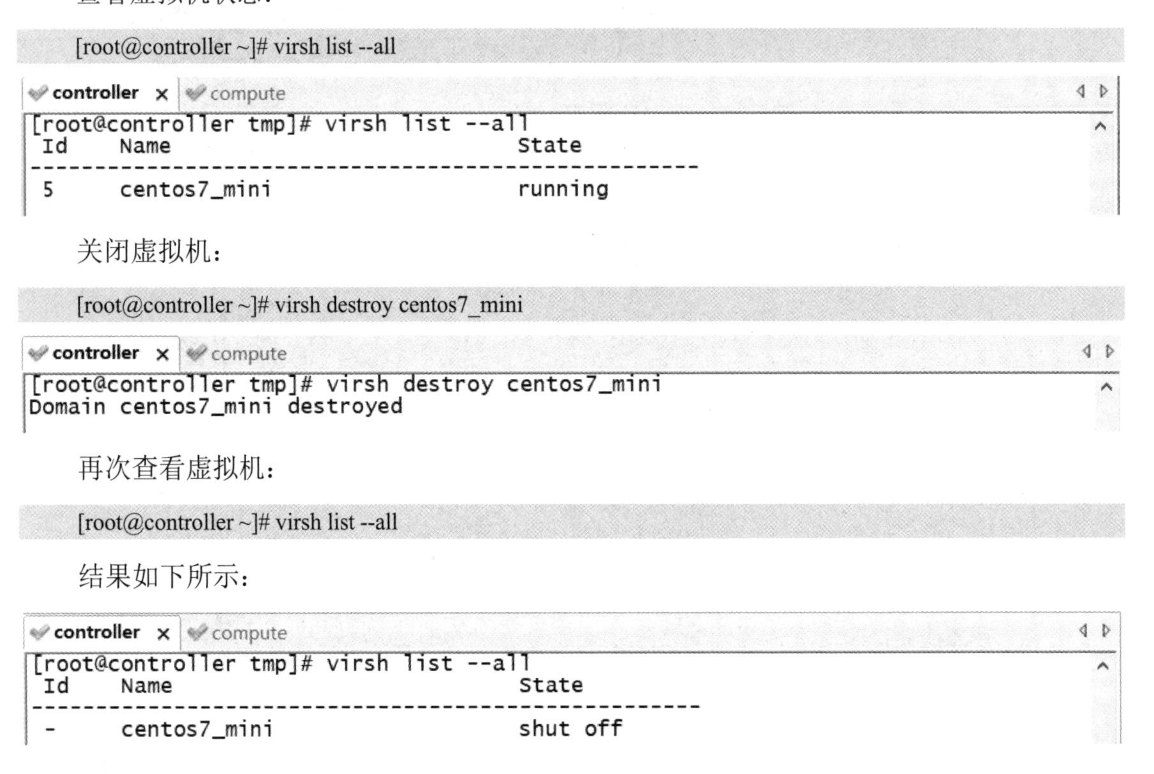

查看虚拟机状态：

```
[root@controller ~]# virsh list --all
```

```
[root@controller tmp]# virsh list --all
 Id    Name                           State
----------------------------------------------------
 5     centos7_mini                   running
```

关闭虚拟机：

```
[root@controller ~]# virsh destroy centos7_mini
```

```
[root@controller tmp]# virsh destroy centos7_mini
Domain centos7_mini destroyed
```

再次查看虚拟机：

```
[root@controller ~]# virsh list --all
```

结果如下所示：

```
[root@controller tmp]# virsh list --all
 Id    Name                           State
----------------------------------------------------
 -     centos7_mini                   shut off
```

进行镜像格式转换。

将之前生成的 img 格式的镜像转换为 qcow2 格式：

```
# qemu-img convert -f raw -O qcow2 centos7_mini.img centos7_mini.qcow2
```

转换完成之后，会出现之前在 Glance 组件中使用的镜像，这样就可以像 5.5 节中一样，上传一个属于自己的镜像了。

拓展考核

1．____________是 OpenStack 镜像服务，用来注册、登录和检索虚拟机镜像。
2．创建一个名为 glance 的用户的命令是____________。
3．Glance 管理端点的端口号是____________。
4．同步 Glance 数据库的命令是____________。
5．上传镜像 cirros-0.3.4-x86_64-disk.img，并将镜像命名为 CIRROS，如何实现？

第6章 计算服务 Nova

学习目标

知识目标

- 了解 Placement 服务
- 了解 Nova 服务
- 理解 Nova 架构

技能目标

- 掌握 Placement 安装与配置
- 掌握 Nova 安装与配置
- 掌握 Nova 日常运维

素质目标

- 注重职业精神
- 厚植职业理念
- 践行理实一体
- 培养创新能力

项目引导

小杨在搭建完前面的部分后，终于开始寻找可以启动不同主机配置的服务了。因为软件测试部门在测试不同的应用时，需要的资源往往是不同。例如，在测试 Web 网站的负载能力时，可通过不同 CPU、内存、硬盘等条件来对应用进行全面的测试。

在进行测试的时候，对各方面资源进行动态调整也是必要的功能，小杨浏览了 OpenStack 的架构图，找到了 Placement 和 Nova。

相关知识

6.1 Placement 和 Nova 架构及原理

6.1.1 Placement

Placement 服务最开始的定位就是为了帮助管理员正确地查看平台所拥有的资源。一开始，所有的资源跟踪反馈都是基于 Nova 服务的，平台建立初期默认资源都由 Nova 服务管理。后来管理员们发现，如果要对平台外的资源如 NFS 等进行跟踪统计比较困难。于是在 OpenStack 的 S 版本正式剥离出 Placement 服务，在 T 版本中作为独立的服务进行部署。

Placement 服务很简单——它是一个 WSGI 应用程序，使用 RDBMS（通常是 MySQL）来发送和接收 JSON，以实现持久性。由于状态仅在 DB 中管理，因此扩展布局服务是通过增加 WSGI 应用程序实例的数量并使用传统的数据库扩展技术扩展 RDBMS 来完成的。

为了保持一致性，并且因为最初打算使 Placement 服务中的实体可通过 RPC 使用，所以使用版本控制的对象来提供 HTTP 应用程序层和 SQLAlchemy 驱动的持久层之间的接口。在 Stein 版本中，对该接口进行了重构，以删除版本对象的使用，并将功能拆分为较小的模块。

尽管 Placement 服务并不希望成为一项微服务，但它确实希望继续保持轻量级以降低复杂性。当然，这也使得该服务拥有两个特点：一是有部分中间件是无法修改的；二是其给定的公共资源有限，任何资源都有唯一且不可更改的 URL 标识，该 URL 标识可作为系统成员的名词。为了保证服务的安全性，对于添加额外资源等重要的操作，需要涉及的节点共同审核。

互联网发展至今，大多数网络资源都依托 HTTP 协议，OpenStack 同样如此。最初，Nova 服务承担了资源跟踪和管理的责任，然而环境在不断发展、需求也在不断变更，Nova 服务终究被迭代得需要更多资源、更复杂的语法，甚至与创立该服务的初衷背道而驰，Placement 服务就此诞生。

6.1.2 Nova

Nova 是 OpenStack 云中的计算组织控制器。OpenStack 中云主机（instances）生命周期的所有活动都由 Nova 处理。这样就使 Nova 成为一个负责管理计算资源、网络、认证等的可扩展性的平台。但是，Nova 自身并没有提供任何虚拟化的能力，而是使用 libvirt API 来与被支持的 Hypervisors 交互。OpenStack 计算服务（Nova）由下列组件构成。

（1）API Server。

Nova 对外提供一个与云基础设施交互的接口，也是外部可用于管理基础设施的唯一组件。管理使用 EC2 API 通过 Web Services 调用实现。然后，API Server 通过消息队列（Message Queue）轮流与云基础设施的相关组件通信。作为 EC2 API 的另外一种选择，OpenStack 也提供一个内部使用的 OpenStack API。

（2）Message Queue（RabbitMQ Server）。

OpenStack 节点之间通过消息队列使用 AMQP（Advanced Message Queue Protocol，高级消

息队列协议）完成通信。Nova 通过异步调用请求响应，使用回调函数在收到响应时予以触发。因为使用了异步通信，所以不会有用户长时间卡在等待状态。这是有效的，因为许多 API 调用预期的行为都非常耗时，如加载一个云主机或者上传一个镜像。

（3）Compute Worker（Nova-compute）。

Compute Worker 用于管理云主机生命周期。它通过消息服务接收云主机生命周期管理的请求，并承担操作工作。该 API 通过调度命令完成以下任务：运行实例、删除实例（终止实例）、重新启动实例、附加卷、分离卷、获取控制台输出。

（4）Network Controller（Nova-network）。

Network Controller 处理主机的网络配置，包括 IP 地址分配、为项目配置 VLAN、实现安全组、配置计算节点网络。

一般来讲，Nova 服务应包含独立的网络、存储、认证组件，但在 OpenStack 框架中，这些组件都能被不同的服务所代替。Nova 使用 Keystone 来代替认证组件，使用 Swift 来代替对象存储、Cinder 来代替块存储，使用 Neutron 来代替网络组件。

计算使用基于消息的体系结构。所有主要组件都可存在于多台服务器上，包括计算、块存储、网络控制器及对象存储或镜像服务。整个系统的状态数据都存储在数据库中。控制节点使用 HTTP 与内部对象存储进行通信，所使用的服务有高级消息队列协议（AMQP）、内部调度程序、网络控制器和卷控制器。

总的来说，围绕着这四大服务点，更加详细的 Nova 服务划分如下。

（1）nova-api 服务。

接收并响应最终用户的计算 API 调用。该服务支持 OpenStack Compute API。它执行一些策略并启动大多数编排活动，如运行实例。

（2）nova-api-metadata 服务。

接收来自实例的元数据请求。当用户在安装 nova-network、以多主机模式运行时，通常会使用该服务。

（3）nova-compute 服务。

该服务拥有一个工作守护进程，通过管理程序的 API 创建和终止虚拟机实例。例如，适用于 XenServer/XCP 的 XenAPI、用于 KVM 或 QEMU 的 libvirt、适用于 VMware 的 VMwareAPI。其处理相当复杂。

（4）nova-scheduler 服务。

从队列中获取虚拟机实例请求，并确定它在哪台计算服务器主机上运行。

（5）nova-conductor 模块。

该模块完成 nova-compute 服务与数据库之间的交互。它消除了 nova-compute 服务对云数据库的直接访问。nova-conductor 模块可水平缩放。

（6）nova-novncproxy 守护程序。

提供用于通过 VNC 连接访问正在运行的实例的代理，支持基于浏览器的 novnc 客户端。

（7）nova-spicehtml5proxy 守护程序。

提供用于通过 SPICE 连接访问正在运行的实例的代理，支持基于浏览器的 HTML5 客户端。

（8）队列。

在守护程序之间传递消息的中央集线器。通常用 RabbitMQ 实现，也有其他选项可用。

（9）SQL 数据库。

存储云基础架构的大多数构建时和运行时状态，包括可用实例类型、使用中的实例、可用网络、项目等。

项目实施

6.2　安装并配置 Placement

6.2.1　数据库配置

登录 MySQL 数据库：

```
# mysql -uroot -p000000
```

创建 placement 数据库：

```
MariaDB [(none)]> CREATE DATABASE placement;
```

设置授权用户和密码：

```
MariaDB [(none)]>GRANT ALL PRIVILEGES ON placement.* TO 'placement'@'localhost' IDENTIFIED BY '000000';
MariaDB [(none)]>GRANT ALL PRIVILEGES ON placement.* TO 'placement'@'%' IDENTIFIED BY '000000';
```

6.2.2　创建服务凭证和 API 端点

1.　生效 admin 用户环境变量

```
# . admin-openrc
```

2.　创建服务凭证

创建名为 placement 的用户（user）：

```
# openstack user create --domain default --password-prompt placement
```

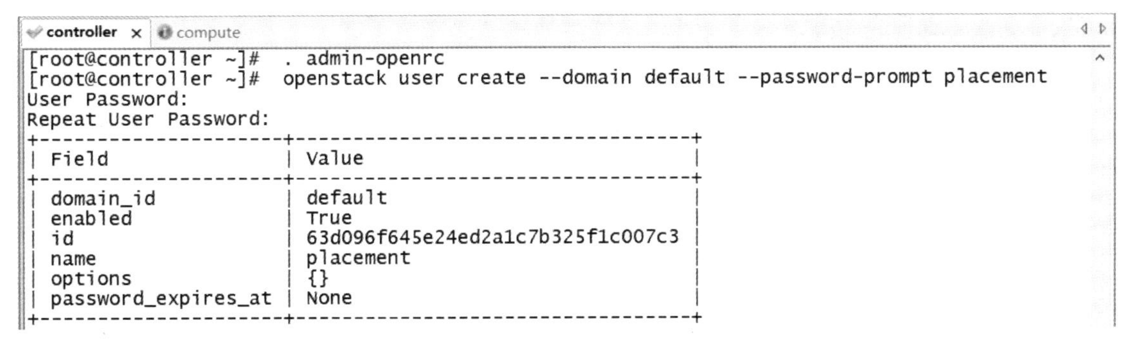

```
controller × | compute
[root@controller ~]#  . admin-openrc
[root@controller ~]#  openstack user create --domain default --password-prompt placement
User Password:
Repeat User Password:
+---------------------+----------------------------------+
| Field               | Value                            |
+---------------------+----------------------------------+
| domain_id           | default                          |
| enabled             | True                             |
| id                  | 63d096f645e24ed2a1c7b325f1c007c3 |
| name                | placement                        |
| options             | {}                               |
| password_expires_at | None                             |
+---------------------+----------------------------------+
```

进行关联，即给 placement 用户添加 admin 角色：

```
# openstack role add --project service --user placement admin
```

创建 Placement 服务实体认证：

```
# openstack service create --name placement --description "Placement API" placement
```

```
controller × compute
[root@controller ~]# openstack service create --name placement --description "Placement API
" placement
+-------------+----------------------------------+
| Field       | Value                            |
+-------------+----------------------------------+
| description | Placement API                    |
| enabled     | True                             |
| id          | 6bef6db5db004fb796a7ab502d0c1a5f |
| name        | placement                        |
| type        | placement                        |
+-------------+----------------------------------+
```

3. 创建 API 端点

创建 Placement API 服务端点：

```
# openstack endpoint create --region RegionOne placement public http://controller:8778
# openstack endpoint create --region RegionOne placement internal http://controller:8778
# openstack endpoint create --region RegionOne placement admin http://controller:8778
```

```
controller × compute
[root@controller ~]# openstack endpoint create --region RegionOne placement public http://c
ontroller:8778
+--------------+----------------------------------+
| Field        | Value                            |
+--------------+----------------------------------+
| enabled      | True                             |
| id           | f041979f1fbc4ceb983c2b3674a146b3 |
| interface    | public                           |
| region       | RegionOne                        |
| region_id    | RegionOne                        |
| service_id   | 6bef6db5db004fb796a7ab502d0c1a5f |
| service_name | placement                        |
| service_type | placement                        |
| url          | http://controller:8778           |
+--------------+----------------------------------+
```

```
controller × compute
[root@controller ~]#  openstack endpoint create --region RegionOne placement internal http:
//controller:8778
+--------------+----------------------------------+
| Field        | Value                            |
+--------------+----------------------------------+
| enabled      | True                             |
| id           | 560b333312dc45fe94931162df7630b9 |
| interface    | internal                         |
| region       | RegionOne                        |
| region_id    | RegionOne                        |
| service_id   | 6bef6db5db004fb796a7ab502d0c1a5f |
| service_name | placement                        |
| service_type | placement                        |
| url          | http://controller:8778           |
+--------------+----------------------------------+
[root@controller ~]# openstack endpoint create --region RegionOne placement admin http://co
ntroller:8778
+--------------+----------------------------------+
| Field        | Value                            |
+--------------+----------------------------------+
| enabled      | True                             |
| id           | 4a84e0d9a9944fb0a8a353f4a442c840 |
| interface    | admin                            |
| region       | RegionOne                        |
| region_id    | RegionOne                        |
| service_id   | 6bef6db5db004fb796a7ab502d0c1a5f |
| service_name | placement                        |
| service_type | placement                        |
| url          | http://controller:8778           |
+--------------+----------------------------------+
```

6.2.3　安装并配置 Placement 组件

1. 安装 Placement 组件所需软件包

```
# yum install openstack-placement-api
```

2. 配置 Placement 所需组件

编辑/etc/placement/placement.conf 文件并完成以下操作：

```
# vi /etc/placement/placement.conf
```

在[placement_database]部分中，配置数据库访问：

```
[placement_database]
connection=mysql+pymysql://placement:000000@controller/placement
```

在[api]和[keystone_authtoken]部分中，配置身份服务访问：

```
[api]
# ...
auth_strategy = keystone

[keystone_authtoken]
# ...
auth_url = http://controller:5000/v3
memcached_servers = controller:11211
auth_type = password
project_domain_name = Default
user_domain_name = Default
project_name = service
username = placement
password = 000000
```

3. 同步数据库

```
# su -s /bin/sh -c "placement-manage db sync" placement
```

```
controller × compute
[root@controller ~]# su -s /bin/sh -c "placement-manage db sync" placement
/usr/lib/python2.7/site-packages/pymysql/cursors.py:170: Warning: (1280, u"Name 'alembic_ve
rsion_pkc' ignored for PRIMARY key.")
  result = self._query(query)
[root@controller ~]#
```

注：进入 placement 数据库查看是否有数据表，验证是否同步成功。

4. 重启 httpd 服务

```
# systemctl restart httpd
```

6.2.4　Placement 验证

1. 生效 admin 用户环境变量

```
# . admin-openrc
```

2. 执行状态检查

```
# placement-status upgrade check
```

```
controller × compute
[root@controller ~]# . admin-openrc
[root@controller ~]# placement-status upgrade check
+----------------------------------+
| Upgrade Check Results            |
+----------------------------------+
| Check: Missing Root Provider IDs |
| Result: Success                  |
| Details: None                    |
+----------------------------------+
| Check: Incomplete Consumers      |
| Result: Success                  |
| Details: None                    |
+----------------------------------+
```

6.3 安装并配置控制节点 Nova 服务

6.3.1 数据库配置

登录 MySQL 数据库：

```
# mysql -uroot -p000000
```

创建 nova_api、nova、nova_ cell0 数据库：

```
MariaDB [(none)]>CREATE DATABASE nova_api;
MariaDB [(none)]>CREATE DATABASE nova;
MariaDB [(none)]>CREATE DATABASE nova_cell0;
```

设置授权用户和密码：

```
MariaDB [(none)]>GRANT ALL PRIVILEGES ON nova_api.* TO 'nova'@'localhost' IDENTIFIED BY '000000';
MariaDB [(none)]> GRANT ALL PRIVILEGES ON nova_api.* TO 'nova'@'%'  IDENTIFIED BY '000000';
MariaDB [(none)]> GRANT ALL PRIVILEGES ON nova.* TO 'nova'@'localhost'  IDENTIFIED BY '000000';
MariaDB [(none)]>GRANT ALL PRIVILEGES ON nova.* TO 'nova'@'%' IDENTIFIED BY '000000';
MariaDB [(none)]>GRANT ALL PRIVILEGES ON nova_cell0.* TO 'nova'@'localhost'  IDENTIFIED BY '000000';
MariaDB [(none)]>GRANT ALL PRIVILEGES ON nova_cell0.* TO 'nova'@'%' IDENTIFIED BY '000000';
```

6.3.2 创建服务凭证和 API 端点

1. 生效 admin 用户环境变量

```
# . admin-openrc
```

2. 创建服务凭证

创建名为 nova 的用户（user）：

```
# openstack user create --domain default  --password-prompt nova
```

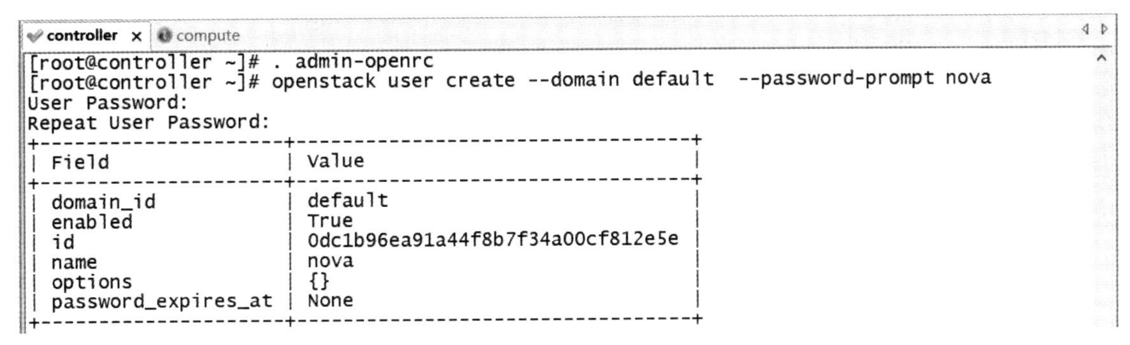

```
[root@controller ~]# . admin-openrc
[root@controller ~]# openstack user create --domain default  --password-prompt nova
User Password:
Repeat User Password:
+---------------------+----------------------------------+
| Field               | Value                            |
+---------------------+----------------------------------+
| domain_id           | default                          |
| enabled             | True                             |
| id                  | 0dc1b96ea91a44f8b7f34a00cf812e5e |
| name                | nova                             |
| options             | {}                               |
| password_expires_at | None                             |
+---------------------+----------------------------------+
```

进行关联，即给 nova 用户添加 admin 角色：

```
# openstack role add --project service --user nova admin
```

创建 Nova 服务实体认证：

```
# openstack service create --name nova   --description "OpenStack Compute" compute
```

```
[root@controller ~]# openstack service create --name nova  --description "OpenStack Compute
" compute
+-------------+----------------------------------+
| Field       | Value                            |
+-------------+----------------------------------+
| description | OpenStack Compute                |
| enabled     | True                             |
| id          | ed77bbc2ee73435ca8739a1d17b4d37f |
| name        | nova                             |
| type        | compute                          |
+-------------+----------------------------------+
```

3. 创建 API 端点

创建公共端点：

```
# openstack endpoint create --region RegionOne compute public http://controller:8774/v2.1
```

创建外部端点：

```
# openstack endpoint create --region RegionOne compute internal http://controller:8774/v2.1
```

创建管理端点：

```
# openstack endpoint create --region RegionOne compute admin http://controller:8774/v2.1
```

```
[root@controller ~]# openstack endpoint create --region RegionOne \
>   compute public http://controller:8774/v2.1
+--------------+----------------------------------+
| Field        | Value                            |
+--------------+----------------------------------+
| enabled      | True                             |
| id           | 20260753255a40889c594721afb508c2 |
| interface    | public                           |
| region       | RegionOne                        |
| region_id    | RegionOne                        |
| service_id   | ed77bbc2ee73435ca8739a1d17b4d37f |
| service_name | nova                             |
| service_type | compute                          |
| url          | http://controller:8774/v2.1      |
+--------------+----------------------------------+
[root@controller ~]# openstack endpoint create --region RegionOne \
>   compute internal http://controller:8774/v2.1
+--------------+----------------------------------+
| Field        | Value                            |
+--------------+----------------------------------+
| enabled      | True                             |
```

```
| id           | 399555cc4c634a3db95d4ac8a8260703 |
| interface    | internal                         |
| region       | RegionOne                        |
| region_id    | RegionOne                        |
| service_id   | ed77bbc2ee73435ca8739a1d17b4d37f |
| service_name | nova                             |
| service_type | compute                          |
| url          | http://controller:8774/v2.1      |
+--------------+----------------------------------+
```

```
[root@controller ~]# openstack endpoint create --region RegionOne compute admin http://controller:8774/v2.1
+--------------+----------------------------------+
| Field        | Value                            |
+--------------+----------------------------------+
| enabled      | True                             |
| id           | c4e898e29c624a31ad673dfa10c56e05 |
| interface    | admin                            |
| region       | RegionOne                        |
| region_id    | RegionOne                        |
| service_id   | ed77bbc2ee73435ca8739a1d17b4d37f |
| service_name | nova                             |
| service_type | compute                          |
| url          | http://controller:8774/v2.1      |
+--------------+----------------------------------+
```

6.3.3 安装并配置 Nova 组件

1. 安装 Nova 组件所需软件包

```
# yum install openstack-nova-api openstack-nova-conductor openstack-nova-novncproxy openstack-nova-scheduler
```

2. 配置 Nova 所需组件

编辑/etc/nova/nova.conf 文件。

编辑[DEFAULT]部分，启用计算和元数据 API：

```
[DEFAULT]
enabled_apis = osapi_compute,metadata
```

编辑[api_database]和[database]部分，配置数据库链接：

```
[api_database]
connection = mysql+pymysql://nova:000000@controller/nova_api
[database]
connection = mysql+pymysql://nova:000000@controller/nova
```

编辑[DEFAULT]部分，配置 RabbitMQ 消息服务器链接：

```
[DEFAULT]
transport_url = rabbit://openstack:000000@controller:5672/
```

编辑[DEFAULT]和[keystone_authtoken]部分，配置 Keystone 身份认证：

```
[DEFAULT]
auth_strategy = keystone

[keystone_authtoken]
www_authenticate_uri = http://controller:5000/
auth_url = http://controller:5000/
memcached_servers = controller:11211
```

```
auth_type = password
project_domain_name = Default
user_domain_name = Default
project_name = service
username = nova
password = 000000
```

编辑[DEFAULT]部分，配置管理 IP 地址和启用网络服务：

```
[DEFAULT]
my_ip = 192.168.200.100
use_neutron = True
firewall_driver = nova.virt.firewall.NoopFirewallDriver
```

编辑[vnc]部分，配置 VNC 代理管理 IP 地址：

```
[vnc]
vncserver_listen = $my_ip
vncserver_proxyclient_address = $my_ip
```

编辑[glance]部分，配置镜像服务 API 端点：

```
[glance]
api_servers = http://controller:9292
```

编辑[oslo_concurrency]部分，配置 lock_path：

```
[oslo_concurrency]
lock_path = /var/lib/nova/tmp
```

编辑[placement]部分，配置对 Placement 服务的访问权限：

```
[placement]
# ...
region_name = RegionOne
project_domain_name = Default
project_name = service
auth_type = password
user_domain_name = Default
auth_url = http://controller:5000/v3
username = placement
password = 000000
```

3. 同步数据库

填充 nova_api 数据库：

```
# su -s /bin/sh -c "nova-manage api_db sync" nova
```

注册 cell0 数据库：

```
# su -s /bin/sh -c "nova-manage cell_v2 map_cell0" nova
```

创建 cell1 单元格：

```
# su -s /bin/sh -c "nova-manage cell_v2 create_cell --name=cell1 --verbose" nova
```

填充 nova 数据库：

```
# su -s /bin/sh -c "nova-manage db sync" nova
```

```
controller × compute
[root@controller ~]# su -s /bin/sh -c "nova-manage api_db sync" nova
[root@controller ~]# su -s /bin/sh -c "nova-manage cell_v2 map_cell0" nova
[root@controller ~]# su -s /bin/sh -c "nova-manage cell_v2 create_cell --name=cell1 --verbo
se" nova
c4751217-3bdf-4877-8511-a0bc555ccb5d
[root@controller ~]# su -s /bin/sh -c "nova-manage db sync" nova
/usr/lib/python2.7/site-packages/pymysql/cursors.py:170: Warning: (1831, u'Duplicate index
`block_device_mapping_instance_uuid_virtual_name_device_name_idx`. This is deprecated and w
ill be disallowed in a future release')
  result = self._query(query)
/usr/lib/python2.7/site-packages/pymysql/cursors.py:170: Warning: (1831, u'Duplicate index
`uniq_instances0uuid`. This is deprecated and will be disallowed in a future release')
  result = self._query(query)
[root@controller ~]# _
```

注：进入 nova 数据库查看是否有数据表，验证是否同步成功。

验证 nova cell0 和 cell1 是否正确注册：

```
# su -s /bin/sh -c "nova-manage cell_v2 list_cells" nova
```

```
controller × compute
[root@controller ~]# su -s /bin/sh -c "nova-manage cell_v2 list_cells" nova
+-------+--------------------------------------+------------------------------------------+
--------------------------------------------------+----------+
| Name |                 UUID                 |              Transport URL               |
           Database Connection                    | Disabled |
+-------+--------------------------------------+------------------------------------------+
--------------------------------------------------+----------+
| cell0 | 00000000-0000-0000-0000-000000000000 |                 none:/                   |
 mysql+pymysql://nova:****@controller/nova_cell0 |  False   |
| cell1 | c4751217-3bdf-4877-8511-a0bc555ccb5d | rabbit://openstack:****@controller:5672/ |
    mysql+pymysql://nova:****@controller/nova     |  False   |
+-------+--------------------------------------+------------------------------------------+
--------------------------------------------------+----------+
[root@controller ~]# _
```

4．启动 Nova 服务并设置开机自启动

```
# systemctl enable openstack-nova-api.service openstack-nova-scheduler.service openstack-nova-conductor.service openstack-nova-novncproxy.service
# systemctl start openstack-nova-api.service openstack-nova-scheduler.service openstack-nova-conductor.service openstack-nova-novncproxy.service
```

6.4 安装并配置计算节点

6.4.1 安装并配置 Nova 组件

本节介绍如何在计算节点上安装和配置 Compute 服务。该服务支持多个虚拟机管理程序来部署实例或虚拟机（VM）。为简单起见，此配置将 Quick EMUlator（QEMU）虚拟机管理程序与支持虚拟机硬件加速的计算节点上的基于内核的 VM（KVM）扩展一起使用。在旧的硬件上，此配置使用通用 QEMU 管理程序。同时，可以对这些配置进行少量修改，以满足不同的环境需求。

1．安装 Nova 组件所需软件包

```
# yum install openstack-nova-compute -y
```

2. 配置 Nova 所需组件

编辑/etc/nova/nova.conf 文件。

编辑[DEFAULT]部分，启用计算和元数据 API：

```
[DEFAULT]
# ...
enabled_apis = osapi_compute,metadata
```

编辑[DEFAULT]部分，配置 RabbitMQ 消息服务器链接：

```
[DEFAULT]
transport_url = rabbit://openstack:000000@controller
```

编辑[DEFAULT]部分，配置管理 IP 地址和启用网络服务支持：

```
[DEFAULT]
my_ip = 192.168.200.101
use_neutron = True
firewall_driver = nova.virt.firewall.NoopFirewallDriver
```

编辑[api]和[keystone_authtoken]部分，配置 Keystone 身份认证：

```
[api]
auth_strategy = keystone

[keystone_authtoken]
www_authenticate_uri = http://controller:5000/
auth_url = http://controller:5000/
memcached_servers = controller:11211
auth_type = password
project_domain_name = Default
user_domain_name = Default
project_name = service
username = nova
password = 000000
```

编辑[vnc]部分，启用并配置远程控制台的访问：

```
[vnc]
enabled = True
vncserver_listen = 0.0.0.0
vncserver_proxyclient_address = $my_ip
novncproxy_base_url = http://192.168.200.100:6080/vnc_auto.html
```

编辑[glance]部分，配置镜像服务 API 的位置：

```
[glance]
api_servers = http://controller:9292
```

编辑[oslo_concurrency]部分，配置 lock_path：

```
[oslo_concurrency]
lock_path = /var/lib/nova/tmp
```

编辑[placement]部分，配置 Placement API：

```
[placement]
# ...
region_name = RegionOne
project_domain_name = Default
project_name = service
auth_type = password
user_domain_name = Default
auth_url = http://controller:5000/v3
username = placement
password = 000000
```

6.4.2 检查主机是否支持虚拟机硬件加速

1. 执行命令

```
# egrep -c '(vmx|svm)' /proc/cpuinfo
```

注：

（1）如果该命令返回一个 1 或更大的值，说明你的系统支持硬件加速，通常不需要额外的配置。

（2）如果该命令返回一个 0 值，说明你的系统不支持硬件加速，必须配置 libvirt 取代 KVM 来使用 QEMU。

（3）如果返回的是 0，则不需要修改。

编辑/etc/nova/nova.conf 文件。

编辑[libvirt]部分：

```
[libvirt]
virt_type = qemu
```

2. 启动 Nova 服务并设置开机自启动

```
# systemctl enable libvirtd.service openstack-nova-compute.service
# systemctl start libvirtd.service openstack-nova-compute.service
```

6.5 计算节点配置同步

该操作需在控制节点上完成，步骤如下。

（1）获取管理员凭据以启用仅管理员的 CLI 命令，然后确认数据库中有计算主机：

```
# source admin-openrc
# openstack compute service list --service nova-compute
```

```
controller × | compute
[root@controller ~]# source admin-openrc
[root@controller ~]# openstack compute service list --service nova-compute
+----+--------------+---------+------+---------+-------+----------------------------+
| ID | Binary       | Host    | Zone | Status  | State | Updated At                 |
+----+--------------+---------+------+---------+-------+----------------------------+
|  6 | nova-compute | compute | nova | enabled | up    | 2021-06-10T09:36:20.000000 |
+----+--------------+---------+------+---------+-------+----------------------------+
```

（2）发现计算主机：

```
# su -s /bin/sh -c "nova-manage cell_v2 discover_hosts --verbose" nova
```

```
controller × | compute
[root@controller ~]# su -s /bin/sh -c "nova-manage cell_v2 discover_hosts --verbose" nova
Found 2 cell mappings.
Skipping cell0 since it does not contain hosts.
Getting computes from cell 'cell1': c4751217-3bdf-4877-8511-a0bc555ccb5d
Found 0 unmapped computes in cell: c4751217-3bdf-4877-8511-a0bc555ccb5d
```

此处可看到 cell1 节点已加入。

6.6　验证 Nova 服务

在控制节点进行如下操作。

1. 生效 admin 用户环境变量

```
# . admin-openrc
```

2. 查看 Nova 服务

```
# openstack compute service list
```

```
controller × | compute
[root@controller ~]# openstack compute service list
+----+----------------+------------+----------+---------+-------+-------------------------
--+
| ID | Binary         | Host       | Zone     | Status  | State | Updated At
 |
+----+----------------+------------+----------+---------+-------+-------------------------
--+
|  1 | nova-conductor | controller | internal | enabled | up    | 2021-06-10T09:38:12.00000
0 |
|  2 | nova-scheduler | controller | internal | enabled | up    | 2021-06-10T09:38:13.00000
0 |
|  6 | nova-compute   | compute    | nova     | enabled | up    | 2021-06-10T09:38:20.00000
0 |
+----+----------------+------------+----------+---------+-------+-------------------------
--+
```

3. 与 Keystone 连接验证

列出身份服务中的 API 端点，以验证与身份服务的连接性：

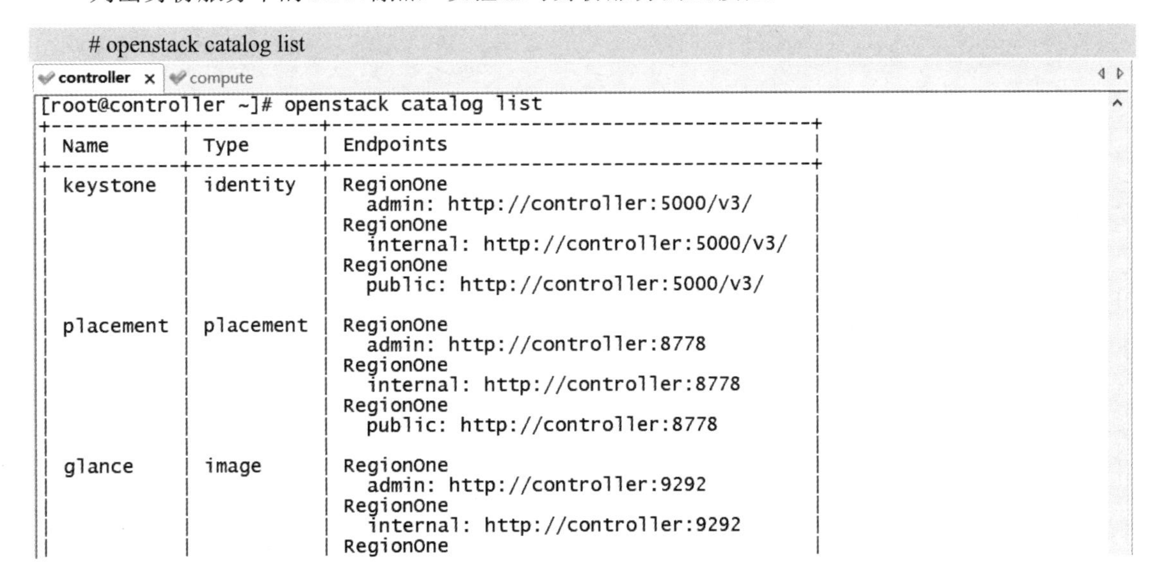

```
# openstack catalog list
```

```
controller × | compute
[root@controller ~]# openstack catalog list
+-----------+-----------+-----------------------------------------+
| Name      | Type      | Endpoints                               |
+-----------+-----------+-----------------------------------------+
| keystone  | identity  | RegionOne                               |
|           |           |   admin: http://controller:5000/v3/     |
|           |           | RegionOne                               |
|           |           |   internal: http://controller:5000/v3/  |
|           |           | RegionOne                               |
|           |           |   public: http://controller:5000/v3/    |
|           |           |                                         |
| placement | placement | RegionOne                               |
|           |           |   admin: http://controller:8778         |
|           |           | RegionOne                               |
|           |           |   internal: http://controller:8778      |
|           |           | RegionOne                               |
|           |           |   public: http://controller:8778        |
|           |           |                                         |
| glance    | image     | RegionOne                               |
|           |           |   admin: http://controller:9292         |
|           |           | RegionOne                               |
|           |           |   internal: http://controller:9292      |
|           |           | RegionOne                               |
```

```
|  |             |           |   public: http://controller:9292                |
|  |             |           |                                                 |
|  | nova        | compute   | RegionOne                                       |
|  |             |           |   public: http://controller:8774/v2.1           |
|  |             |           | RegionOne                                       |
|  |             |           |   internal: http://controller:8774/v2.1         |
|  |             |           | RegionOne                                       |
|  |             |           |   admin: http://controller:8774/v2.1            |
|  |             |           |                                                 |
|+-----------+-----------+-----------------------------------------+
```

4. 与 Glance 连接验证

列出 Glance 服务中的镜像，以验证与 Glance 服务的连接性：

```
# openstack image list
```

```
[root@controller ~]# openstack image list
+--------------------------------------+--------+--------+
| ID                                   | Name   | Status |
+--------------------------------------+--------+--------+
| e9e19b75-c3a2-4909-8cdf-dae0a3b1f95f | cirros | active |
+--------------------------------------+--------+--------+
```

5. 整体检查

编辑/etc/httpd/conf.d/00-placement-api.conf 文件，在“<virtualhost *:8778="">”内添加如下内容：

```
<Directory /usr/bin>
<IfVersion >= 2.4>
    Require all granted
</IfVersion>
<IfVersion < 2.4>
    Order allow,deny
    Allow from all
</IfVersion>
</Directory>
```

重启 httpd 服务：

```
# systemctl restart httpd
```

检查单元格 cell 和 Placement API 是否正常运行，以及其他必要的先决条件是否到位：

```
# nova-status upgrade check
```

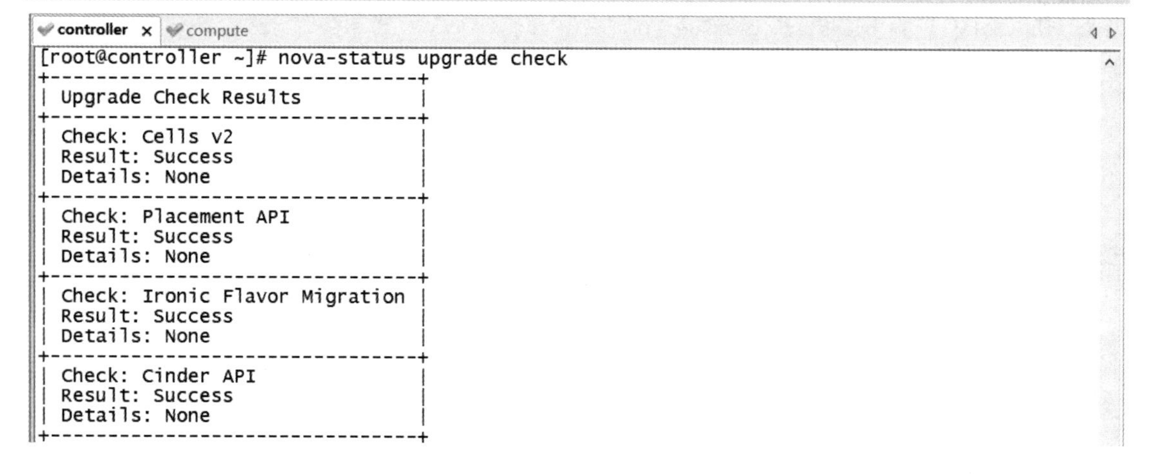

```
[root@controller ~]# nova-status upgrade check
+--------------------------------+
| Upgrade Check Results          |
+--------------------------------+
| Check: Cells v2                |
| Result: Success                |
| Details: None                  |
+--------------------------------+
| Check: Placement API           |
| Result: Success                |
| Details: None                  |
+--------------------------------+
| Check: Ironic Flavor Migration |
| Result: Success                |
| Details: None                  |
+--------------------------------+
| Check: Cinder API              |
| Result: Success                |
| Details: None                  |
+--------------------------------+
```

拓展考核

1．OpenStack 计算服务（Nova）由以下组件构成：____________、____________、____________、____________。

2．Nova 的各个组件是以____________和____________为中心进行通信的。

3．同步 nova_api 数据库的命令是____________。

4．检查主机是否支持虚拟机硬件加速的命令是____________。

5．启动 Nova 计算节点 Nova 相关服务的命令是____________。

6．查看 Placement 相关服务的命令是____________。

7．填充 placement 数据库的命令是____________。

第7章 网络服务 Neutron

学习目标

知识目标

- 理解基础网络及相关网络组件
- 了解 Neutron 服务
- 理解 Neutron 两种网络架构

技能目标

- 掌握 Neutron 安装与自主网络的配置
- 掌握 Neutron 日常运维

素质目标

- 注重职业精神
- 厚植职业理念
- 践行理实一体
- 培养创新能力

项目引导

小杨在搭建完前面的部分后，开始考虑云主机网络的问题。所有的资源都应该进行权限划分，网络也不例外。从安全的角度来讲，一个完善的网络服务除了可以提供基本的上网功能外，还应具有类似安全组、防火墙、路由器等功能。小杨在 OpenStack 中找到了 Neutron。

相关知识

7.1 Neutron 基本概念

Neutron 是 OpenStack 的网络服务组件，负责管理 OpenStack 环境中虚拟网络基础设施

（VNI）的所有方面和物理网络基础设施（PNI）的接入层方面。Neutron 允许租户创建高级虚拟网络拓扑，包括防火墙、负载均衡和虚拟私有网络（VPN）等服务。

网络服务 Neutron 包含网络、子网和路由对象的概念，每个概念有自己的功能，可以模仿对应的物理设备。网络包括子网，路由则在不同的子网和网络之间进行路由转发。每个路由都有一个连接到网络的网关，并且很多接口都连接到子网中。子网可以访问连接到相同路由的其他子网的机器。

Neutron 服务需要至少配置一个外部网络（简称外网）。不像其他的网络，外部网络不仅仅是一个虚拟定义的网络，它代表了一种 OpenStack 能与物理的、外部的网络通信的接口。外部网络上的 IP 地址能被任何物理接入外部网络的人所访问。

外部网络之外，Neutron 服务还可以配置一个或多个内部网络。虚拟机在使用这些网络时，可以和同一个局域网的虚拟机进行通信，若要访问外部网络，则需要配置路由和网关。

弹性 IP 功能可以将外部网络的 IP 地址映射到内部网络的端口。当有数据传输到子网时，这个连接就被称为一个端口。弹性 IP 能连接外部网络的 IP 地址和虚拟机的端口。这样，外部网络的实体就能访问虚拟机了。

Neutron 服务也支持安全组配置。安全组允许管理员分组定义防火墙规则，一个虚拟机可以属于一个或多个安全组，应用这些安全组里的规则来阻塞或者开启端口、定义端口范围、确定通信类型等。

Neutron 服务可以使用功能不同的插件，包括网络核心插件和安全组插件；同时，也可以配置防火墙即服务（FWaaS）和负载均衡即服务（LBaaS）等可选插件。

项目实施

7.2 安装并配置控制节点

7.2.1 数据库配置

登录 MySQL 数据库：

```
# mysql -uroot -p000000
```

创建 neutron 数据库：

```
MariaDB [(none)]>CREATE DATABASE neutron;
```

设置授权用户和密码：

```
MariaDB [(none)]>GRANT ALL PRIVILEGES ON neutron.* TO 'neutron'@'localhost' IDENTIFIED BY '000000';
MariaDB [(none)]>GRANT ALL PRIVILEGES ON neutron.* TO 'neutron'@'%' IDENTIFIED BY '000000';
MariaDB [(none)]>exit
```

7.2.2 创建服务凭证和 API 端点

1. 生效 admin 用户环境变量

```
# . admin-openrc
```

2. 创建服务凭证

创建名为 neutron 的 user：

```
# openstack user create --domain default --password-prompt neutron
```

```
controller ×
[root@controller ~]# openstack user create --domain default --password-prompt neutron
User Password:
Repeat User Password:
+---------------------+----------------------------------+
| Field               | Value                            |
+---------------------+----------------------------------+
| domain_id           | default                          |
| enabled             | True                             |
| id                  | dca5ce268f3c4b7198003aaaa0eaaaec |
| name                | neutron                          |
| options             | {}                               |
| password_expires_at | None                             |
+---------------------+----------------------------------+
```

进行关联：

```
# openstack role add --project service --user neutron admin
```

创建 Neutron 服务实体认证：

```
# openstack service create --name neutron --description "OpenStack Networking" network
```

```
controller × compute
[root@controller ~]# openstack service create --name neutron --description "OpenStack Netwo
rking" network
+-------------+----------------------------------+
| Field       | Value                            |
+-------------+----------------------------------+
| description | OpenStack Networking             |
| enabled     | True                             |
| id          | 0ae268d8c97a407fba8e211426c5ab81 |
| name        | neutron                          |
| type        | network                          |
+-------------+----------------------------------+
```

3. 创建 API 端点

创建公共端点：

```
# openstack endpoint create --region RegionOne network public http://controller:9696
```

创建外部端点：

```
# openstack endpoint create --region RegionOne network internal http://controller:9696
```

创建管理端点：

```
# openstack endpoint create --region RegionOne network admin http://controller:9696
```

```
controller × compute
[root@controller ~]# openstack endpoint create --region RegionOne network public http://con
troller:9696
+--------------+----------------------------------+
| Field        | Value                            |
+--------------+----------------------------------+
| enabled      | True                             |
| id           | 0a47b0dfcbf64718bac646b1ac81b04d |
| interface    | public                           |
| region       | RegionOne                        |
| region_id    | RegionOne                        |
| service_id   | 0ae268d8c97a407fba8e211426c5ab81 |
| service_name | neutron                          |
| service_type | network                          |
| url          | http://controller:9696           |
+--------------+----------------------------------+
[root@controller ~]# openstack endpoint create --region RegionOne network internal http://c
ontroller:9696
+--------------+----------------------------------+
| Field        | Value                            |
+--------------+----------------------------------+
| enabled      | True                             |
| id           | 434cd561b8fb42f88f82b3654c4550cc |
| interface    | internal                         |
| region       | RegionOne                        |
| region_id    | RegionOne                        |
| service_id   | 0ae268d8c97a407fba8e211426c5ab81 |
| service_name | neutron                          |
| service_type | network                          |
| url          | http://controller:9696           |
+--------------+----------------------------------+
```

```
controller × compute
[root@controller ~]# openstack endpoint create --region RegionOne network admin http://cont
roller:9696
+--------------+----------------------------------+
| Field        | Value                            |
+--------------+----------------------------------+
| enabled      | True                             |
| id           | 6984fdf46ccb4ed4a4d524aca0539ddd |
| interface    | admin                            |
| region       | RegionOne                        |
| region_id    | RegionOne                        |
| service_id   | 0ae268d8c97a407fba8e211426c5ab81 |
| service_name | neutron                          |
| service_type | network                          |
| url          | http://controller:9696           |
+--------------+----------------------------------+
```

7.2.3　安装并配置 Neutron 组件

1. 安装 Neutron 组件所需软件包

```
# yum install openstack-neutron openstack-neutron-ml2 openstack-neutron-linuxbridge ebtables -y
```

2. 配置 Neutron 所需组件

编辑/etc/neutron/neutron.conf 文件。

编辑[database]部分，配置数据库链接：

```
[database]
connection = mysql+pymysql://neutron:000000@controller/neutron
```

编辑[DEFAULT]部分，配置模块化 ML2 插件：

```
[DEFAULT]
core_plugin = ml2
service_plugins = router
```

```
allow_overlapping_ips = True
```

编辑[DEFAULT]部分，配置 RabbitMQ 消息服务器链接：

```
[DEFAULT]
transport_url = rabbit://openstack:000000@controller
```

编辑[DEFAULT]和[keystone_authtoken]部分，配置 Keystone 身份认证：

```
[DEFAULT]
auth_strategy = keystone

[keystone_authtoken]
www_authenticate_uri = http://controller:5000
auth_url = http://controller:5000
memcached_servers = controller:11211
auth_type = password
project_domain_name = default
user_domain_name = default
project_name = service
username = neutron
password = 000000
```

编辑[DEFAULT]和[nova]部分，配置网络来通知网络拓扑结构的变化：

```
[DEFAULT]
notify_nova_on_port_status_changes = True
notify_nova_on_port_data_changes = True

[nova]
auth_url = http://controller:5000
auth_type = password
project_domain_name = default
user_domain_name = default
region_name = RegionOne
project_name = service
username = nova
password = 000000
```

编辑[oslo_concurrency]部分，配置 lock_path：

```
[oslo_concurrency]
lock_path = /var/lib/neutron/tmp
```

3. 配置 ML2 插件

编辑/etc/neutron/plugins/ml2/ml2_conf.ini 文件。

编辑[ml2]部分，配置 Flat、VLAN、VxLAN 网络：

```
[ml2]
type_drivers = flat,vlan,vxlan
```

编辑[ml2]部分，使用 VxLAN 网络：

```
[ml2]
tenant_network_types = vxlan
```

编辑[ml2]部分，启用网桥和 ML2 入口机制：

```
[ml2]
mechanism_drivers = linuxbridge,l2population
```

编辑[ml2]部分，启用端口安全扩展驱动程序：

```
[ml2]
extension_drivers = port_security
```

编辑[ml2_type_flat]部分，配置虚拟网络为 Flat 网络：

```
[ml2_type_flat]
flat_networks = provider
```

编辑[ml2_type_vxlan]部分，配置 VxLAN 网络标识符范围：

```
 [ml2_type_vxlan]
vni_ranges = 1：1000
```

编辑[securitygroup]部分，配置 ipset 安全组规则：

```
 [securitygroup]
enable_ipset = True
```

4. 配置 Linux Bridge 插件

编辑/etc/neutron/plugins/ml2/linuxbridge_agent.ini 文件。

编辑[linux_bridge]部分，配置虚拟网络映射到物理网络的接口：

```
[linux_bridge]
physical_interface_mappings = provider:ens33（物理机的外网网卡名）
```

编辑[vxlan]部分，使 VxLAN 覆盖网络，并配置物理网络的 IP 地址：

```
[vxlan]
enable_vxlan = True
local_ip = 192.168.200.100
l2_population = True
```

编辑[securitygroup]部分，配置安全组和网桥，配置防火墙驱动：

```
[securitygroup]
enable_security_group = True
firewall_driver = neutron.agent.linux.iptables_firewall.IptablesFirewallDriver
```

编辑/etc/sysctl.conf 文件，添加如下两行内容：

```
net.bridge.bridge-nf-call-iptables = 1
net.bridge.bridge-nf-call-ip6tables = 1
```

加载 br_netfilter 模块()：

```
# modprobe br_netfilter
```

测试配置是否成功：

```
# sysctl -p
```

```
[root@controller ~]# vim /etc/sysctl.conf
[root@controller ~]# modprobe br_netfilter
[root@controller ~]# sysctl -p
net.bridge.bridge-nf-call-iptables = 1
net.bridge.bridge-nf-call-ip6tables = 1
```

5. 配置 L3 插件

编辑/etc/neutron/l3_agent.ini 文件。

编辑[DEFAULT]部分，配置网桥接口驱动和外部网络连接：

```
[DEFAULT]
interface_driver = linuxbridge
```

6. 配置 DHCP 插件

编辑/etc/neutron/dhcp_agent.ini 文件。

编辑[DEFAULT]部分，配置网桥接口驱动、Dnsmasq DHCP 的驱动，并启用 Metadata：

```
[DEFAULT]
interface_driver = neutron.agent.linux.interface.BridgeInterfaceDriver
dhcp_driver = neutron.agent.linux.dhcp.Dnsmasq
enable_isolated_metadata = True
```

7. 配置 Metadata 插件

编辑/etc/neutron/metadata_agent.ini 文件。

编辑[DEFAULT]部分，配置元数据主机和共享密钥：

```
nova_metadata_host = controller
metadata_proxy_shared_secret = 000000      #Metadata 代理密钥，自定义
```

8. 配置 Nova 服务使用网络

编辑/etc/nova/nova.conf 文件。

编辑[neutron]部分，配置访问参数，并启用和配置代理：

```
[neutron]
auth_url = http://controller:5000
auth_type = password
project_domain_name = default
user_domain_name = default
region_name = RegionOne
project_name = service
username = neutron
password = 000000    #创建 neutron 用户的密码
service_metadata_proxy = true
metadata_proxy_shared_secret = 000000    #Metadata 代理密钥
```

9. 创建软链接

```
# ln -s /etc/neutron/plugins/ml2/ml2_conf.ini /etc/neutron/plugin.ini
```

10. 同步数据库

```
# su -s /bin/sh -c "neutron-db-manage --config-file /etc/neutron/neutron.conf --config-file /etc/neutron/plugins/ml2/ml2_conf.ini upgrade head" neutron
```

```
controller
INFO  [alembic.runtime.migration] Running upgrade 67daae611b6e -> 6b461a21bcfc
INFO  [alembic.runtime.migration] Running upgrade 6b461a21bcfc -> 5cd92597d11d
INFO  [alembic.runtime.migration] Running upgrade 5cd92597d11d -> 929c968efe70
INFO  [alembic.runtime.migration] Running upgrade 929c968efe70 -> a9c43481023c
INFO  [alembic.runtime.migration] Running upgrade a9c43481023c -> 804a3c76314c
INFO  [alembic.runtime.migration] Running upgrade 804a3c76314c -> 2b42d90729da
INFO  [alembic.runtime.migration] Running upgrade 2b42d90729da -> 62c781cb6192
INFO  [alembic.runtime.migration] Running upgrade 62c781cb6192 -> c8c222d42aa9
INFO  [alembic.runtime.migration] Running upgrade c8c222d42aa9 -> 349b6fd605a6
INFO  [alembic.runtime.migration] Running upgrade 349b6fd605a6 -> 7d32f979895f
INFO  [alembic.runtime.migration] Running upgrade 7d32f979895f -> 594422d373ee
INFO  [alembic.runtime.migration] Running upgrade 594422d373ee -> 61663558142c
INFO  [alembic.runtime.migration] Running upgrade 61663558142c -> 867d39095bf4, port forwarding
INFO  [alembic.runtime.migration] Running upgrade 867d39095bf4 -> d72db3e25539, modify uniq port forwarding
INFO  [alembic.runtime.migration] Running upgrade d72db3e25539 -> cada2437bf41
INFO  [alembic.runtime.migration] Running upgrade cada2437bf41 -> 195176fb410d, router gateway IP QoS
INFO  [alembic.runtime.migration] Running upgrade 195176fb410d -> fb0167bd9639
INFO  [alembic.runtime.migration] Running upgrade fb0167bd9639 -> 0ff9e3881597
INFO  [alembic.runtime.migration] Running upgrade 0ff9e3881597 -> 9bfad3f1e780
INFO  [alembic.runtime.migration] Running upgrade 9bfad3f1e780 -> 63fd95af7dcd
INFO  [alembic.runtime.migration] Running upgrade 63fd95af7dcd -> c613d0b82681
INFO  [alembic.runtime.migration] Running upgrade b67e765a3524 -> a84ccf28f06a
INFO  [alembic.runtime.migration] Running upgrade a84ccf28f06a -> 7d9d8eeec6ad
INFO  [alembic.runtime.migration] Running upgrade 7d9d8eeec6ad -> a8b517cff8ab
INFO  [alembic.runtime.migration] Running upgrade a8b517cff8ab -> 3b935b28e7a0
INFO  [alembic.runtime.migration] Running upgrade 3b935b28e7a0 -> b12a3ef66e62
INFO  [alembic.runtime.migration] Running upgrade b12a3ef66e62 -> 97c25b0d2353
INFO  [alembic.runtime.migration] Running upgrade 97c25b0d2353 -> 2e0d7a8a1586
INFO  [alembic.runtime.migration] Running upgrade 2e0d7a8a1586 -> 5c85685d616d
  OK
[root@controller ~]#
```

注：进入 Neutron 数据库查看是否有数据表，验证是否同步成功。

11. 启动 Neutron 服务并设置开机自启动

```
# systemctl restart openstack-nova-api.service

# systemctl enable neutron-server.service neutron-linuxbridge-agent.service neutron-dhcp-agent.service neutron-metadata-agent.service
# systemctl start neutron-server.service neutron-linuxbridge-agent.service neutron-dhcp-agent.service neutron-metadata-agent.service
# systemctl enable neutron-l3-agent.service
# systemctl start neutron-l3-agent.service
```

7.3　安装并配置计算节点

1. 安装 Neutron 组件所需软件包

```
# yum install openstack-neutron-linuxbridge ebtables ipset -y
```

2. 配置 Neutron 所需组件

编辑/etc/neutron/neutron.conf 文件。

编辑[DEFAULT]部分，配置 RabbitMQ 消息服务器链接：

```
[DEFAULT]
transport_url = rabbit://openstack:000000@controller
```

编辑[DEFAULT]和[keystone_authtoken]部分，配置 Keystone 身份认证：

```
[DEFAULT]
auth_strategy = keystone

[keystone_authtoken]
www_authenticate_uri = http://controller:5000
auth_url = http://controller:5000
memcached_servers = controller:11211
auth_type = password
project_domain_name = default
user_domain_name = default
project_name = service
username = neutron
password = 000000                    #创建 neutron 用户设置的密码，自定义
```

编辑[oslo_concurrency]部分，配置 lock_path：

```
[oslo_concurrency]
lock_path = /var/lib/neutron/tmp
```

3. 配置 Linux Bridge 插件

编辑/etc/neutron/plugins/ml2/linuxbridge_agent.ini 文件。

编辑[linux_bridge]部分，配置虚拟网络映射到物理网络的接口：

```
[linux_bridge]
physical_interface_mappings = provider: ens33（物理机的外网网卡名）
```

编辑[vxlan]部分，使 VxLAN 覆盖网络，并配置物理网络的 IP 地址：

```
[vxlan]
enable_vxlan = True
local_ip = 192.168.200.101
l2_population = True
```

编辑[securitygroup]部分，配置安全组和网桥，配置防火墙驱动：

```
[securitygroup]
enable_security_group = True
firewall_driver = neutron.agent.linux.iptables_firewall.IptablesFirewallDriver
```

4. 配置 Nova 服务使用网络

编辑/etc/nova/nova.conf 文件。

编辑[neutron]部分，配置访问参数：

```
[neutron]
auth_url = http://controller:5000
auth_type = password
project_domain_name = default
user_domain_name = default
region_name = RegionOne
project_name = service
username = neutron
```

```
password = 000000            #创建 neutron 用户的密码
```

5. 启动 Neutron 服务并设置开机自启动

```
# systemctl restart openstack-nova-compute.service
# systemctl enable neutron-linuxbridge-agent.service
# systemctl start neutron-linuxbridge-agent.service
```

7.4 验证 Neutron 服务

1. 在控制节点生效 admin 用户环境变量

```
# . admin-openrc
```

2. 查看 Neutron 服务

```
# openstack network agent list
```

```
[root@controller ~]# openstack network agent list
+--------------------------------------+--------------------+------------+-------------------+-------+-
---+
| ID                                   | Agent Type         | Host       | Availability Zone | Alive |
    |
+--------------------------------------+--------------------+------------+-------------------+-------+-
---+
| 12922aa5-0608-4140-88dd-0cba90c9adf8 | Linux bridge agent | controller | None              | :-)   |
nt |
| 60745aa3-5d2b-4cba-935b-6ca60eca634a | DHCP agent         | controller | nova              | :-)   |
    |
| 713b27df-4026-4b94-bf92-e43ed8cfe6ce | Linux bridge agent | compute    | None              | :-)   |
nt |
| 732643ce-92e5-438e-ab9b-0dc9a65b6a5f | L3 agent           | controller | nova              | :-)   |
    |
| 7b1f7a91-2b65-418d-a36a-f7015be13421 | Metadata agent     | controller | None              | :-)   |
    |
+--------------------------------------+--------------------+------------+-------------------+-------+-
---+
[root@controller ~]#
```

注：双节点的 Linux bridge agent、DHCP agent、L3 agent、Metadata agent 都要列出来，即服务正常。

拓展考核

1．同步 neutron 数据库的命令为____________。
2．在 Neutron 组件中，Neutron 服务的内部端点地址为____________。
3．为/etc/neutron/plugin.ini 文件创建软链接的命令为____________。
4．如何查看 Neutron 服务状态？

第 8 章 运行云主机

学习目标

知识目标

- 了解云主机启动流程

技能目标

- 掌握命令行下云主机的创建

素质目标

- 注重职业精神
- 厚植职业理念
- 践行理实一体
- 培养创新能力

项目引导

小杨部署完 Keystone 身份认证服务后，想起了老板提出的要求：需要让测试人员在不同环境下完成相关系统测试。

在他的记忆中，软件测试部门经常使用的系统环境有 CentOS、Ubuntu、Windows 三类，往往是指针对不同的需求，开启不同系统的虚拟机。不仅如此，在系统中安装不同版本、不同数量的测试软件也是一项烦琐的工作。

抱着这样的想法，他浏览了 OpenStack 的架构图，找到了 Glance 镜像服务。

相关知识

在完成了前面章节的部署后，已经可以启动一台云主机了，具体的步骤将在本章节中一一展开。

8.1 创建云网络

首先删除 NetworkManager 软件包。

然后在控制节点和计算节点都执行下列语句：

```
# yum remove NetworkManager -y
```

8.1.1 Provider Network

在启动云主机之前，必须创建一些必要的虚拟网络基础设施。一个云主机使用 Provider（External）网络，通过 L2（桥接/交换机）连接到物理网络基础设施。这个网络包括 DHCP 服务（给云主机提供 IP 地址）。

下面来创建网络。

1. 生效 admin 用户环境变量

```
# . admin-openrc
```

2. 创建网络

```
# openstack network create --share --external --provider-physical-network provider --provider-network-type flat provider
```

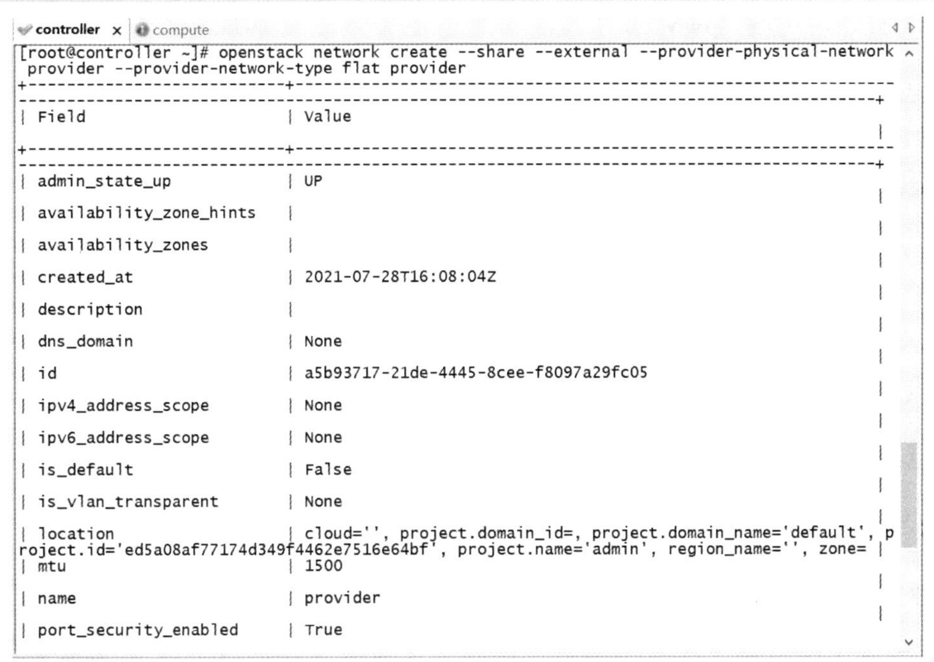

```
[root@controller ~]# openstack network create --share --external --provider-physical-network
 provider --provider-network-type flat provider
+---------------------------+----------------------------------------------------------------+
| Field                     | Value                                                          |
+---------------------------+----------------------------------------------------------------+
| admin_state_up            | UP                                                             |
| availability_zone_hints   |                                                                |
| availability_zones        |                                                                |
| created_at                | 2021-07-28T16:08:04Z                                           |
| description               |                                                                |
| dns_domain                | None                                                           |
| id                        | a5b93717-21de-4445-8cee-f8097a29fc05                           |
| ipv4_address_scope        | None                                                           |
| ipv6_address_scope        | None                                                           |
| is_default                | False                                                          |
| is_vlan_transparent       | None                                                           |
| location                  | cloud='', project.domain_id=, project.domain_name='default', p
roject.id='ed5a08af77174d349f4462e7516e64bf', project.name='admin', region_name='', zone= |
| mtu                       | 1500                                                           |
| name                      | provider                                                       |
| port_security_enabled     | True                                                           |
```

参数说明如下。

--share：指明所有项目都可以使用这个网络，否则只有创建者能使用。

--external：指明是外部网络。

--provider-physical-network provider：指明物理网络的提供者，与下面 Neutron 的配置文件对应，其中 provider 是标签，可以更改为其他，但是两个地方必须统一。

```
[ml2_type_flat]
flat_networks = provider
```

--provider-network-type flat：指明这里创建的网络是 Flat 类型，即实例连接到此网络时和物理网络是在同一个网段，无 VLAN 等功能。

3. 创建子网

```
#openstack subnet create --network provider --allocation-pool start=192.168.100.200,end=192.168.100.210 --dns-nameserver 192.168.100.2 --gateway 192.168.100.2 --subnet-range 192.168.100.0/24 provider
```

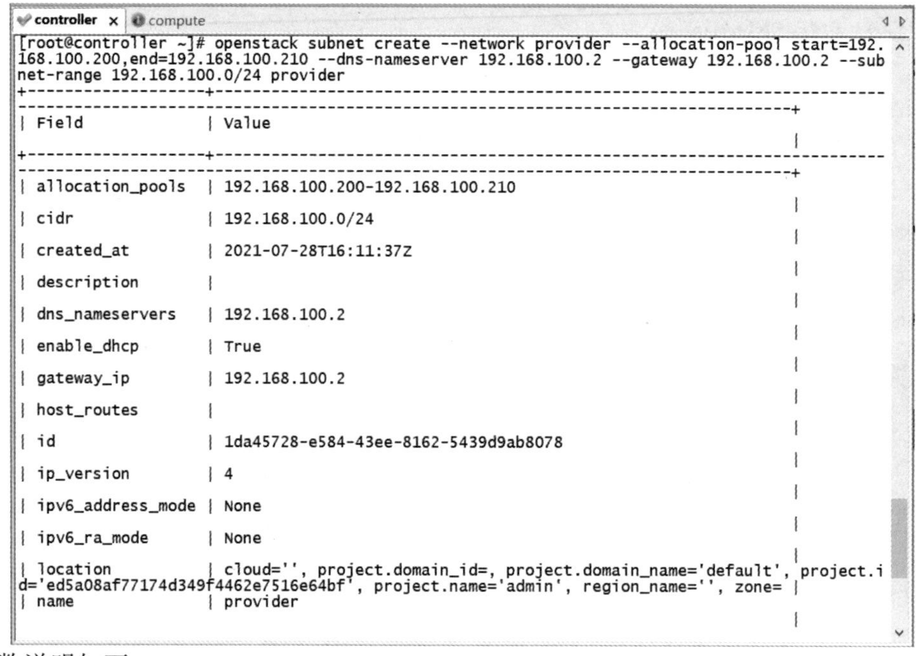

```
[root@controller ~]# openstack subnet create --network provider --allocation-pool start=192.168.100.200,end=192.168.100.210 --dns-nameserver 192.168.100.2 --gateway 192.168.100.2 --subnet-range 192.168.100.0/24 provider
+-------------------+----------------------------------------------------------------+
| Field             | Value                                                          |
+-------------------+----------------------------------------------------------------+
| allocation_pools  | 192.168.100.200-192.168.100.210                                |
| cidr              | 192.168.100.0/24                                               |
| created_at        | 2021-07-28T16:11:37Z                                           |
| description       |                                                                |
| dns_nameservers   | 192.168.100.2                                                  |
| enable_dhcp       | True                                                           |
| gateway_ip        | 192.168.100.2                                                  |
| host_routes       |                                                                |
| id                | 1da45728-e584-43ee-8162-5439d9ab8078                           |
| ip_version        | 4                                                              |
| ipv6_address_mode | None                                                           |
| ipv6_ra_mode      | None                                                           |
| location          | cloud='', project.domain_id=, project.domain_name='default', project.id='ed5a08af77174d349f4462e7516e64bf', project.name='admin', region_name='', zone= |
| name              | provider                                                       |
```

参数说明如下。

--network：指明父网络。

--allocation-pool start=192.168.100.200,end=192.168.100.210：指明子网起始地址和终止地址。

--dns-nameserver：指明 DNS 服务器。

--gateway：指明网关地址。

--subnet-range：指明子网网段。

8.1.2 Self-service Network

创建 Self-service Network 之前必须先创建 Provider Network。

下面来创建网络。

1. 生效 demo 用户环境变量

```
# . demo-openrc
```

2. 创建网络

```
# neutron net-create selfservice
```

```
controller × compute
[root@controller ~]# neutron net-create selfservice
neutron CLI is deprecated and will be removed in the future. Use openstack CLI instead.
Created a new network:
+---------------------------+--------------------------------------+
| Field                     | Value                                |
+---------------------------+--------------------------------------+
| admin_state_up            | True                                 |
| availability_zone_hints   |                                      |
| availability_zones        |                                      |
| created_at                | 2021-06-11T10:28:21Z                 |
| description               |                                      |
| id                        | 3372bb43-2644-4cf8-9bd0-d1095ed28a59 |
| ipv4_address_scope        |                                      |
| ipv6_address_scope        |                                      |
| is_default                | False                                |
| mtu                       | 1450                                 |
| name                      | selfservice                          |
| port_security_enabled     | True                                 |
| project_id                | e0161d78876f4b8d97eb26f3b8798580     |
| provider:network_type     | vxlan                                |
| provider:physical_network |                                      |
| provider:segmentation_id  | 1                                    |
| revision_number           | 1                                    |
| router:external           | False                                |
| shared                    | False                                |
| status                    | ACTIVE                               |
| subnets                   |                                      |
| tags                      |                                      |
| tenant_id                 | e0161d78876f4b8d97eb26f3b8798580     |
| updated_at                | 2021-06-11T10:28:21Z                 |
+---------------------------+--------------------------------------+
```

3. 创建子网

```
# neutron subnet-create --name selfservice \
>     --dns-nameserver 8.8.4.4 --gateway 10.0.0.1    \
>     selfservice 10.0.0.0/24
```

```
controller × compute
[root@controller ~]# neutron subnet-create --name selfservice \
> --dns-nameserver 8.8.4.4 --gateway 10.0.0.1   \
>  selfservice 10.0.0.0/24
neutron CLI is deprecated and will be removed in the future. Use openstack CLI instead.
Created a new subnet:
+-------------------+----------------------------------------------+
| Field             | Value                                        |
+-------------------+----------------------------------------------+
| allocation_pools  | {"start": "10.0.0.2", "end": "10.0.0.254"}   |
| cidr              | 10.0.0.0/24                                  |
| created_at        | 2021-06-11T10:30:19Z                         |
| description       |                                              |
| dns_nameservers   | 8.8.4.4                                      |
| enable_dhcp       | True                                         |
| gateway_ip        | 10.0.0.1                                     |
| host_routes       |                                              |
| id                | ffddca26-d9db-4fab-9519-a521770935b1         |
| ip_version        | 4                                            |
| ipv6_address_mode |                                              |
| ipv6_ra_mode      |                                              |
| name              | selfservice                                  |
| network_id        | 3372bb43-2644-4cf8-9bd0-d1095ed28a59         |
| project_id        | e0161d78876f4b8d97eb26f3b8798580             |
| revision_number   | 0                                            |
| service_types     |                                              |
| subnetpool_id     |                                              |
| tags              |                                              |
| tenant_id         | e0161d78876f4b8d97eb26f3b8798580             |
| updated_at        | 2021-06-11T10:30:19Z                         |
+-------------------+----------------------------------------------+
```

注：此处网络创建没有设置地址池，默认为全部；网关和网络号是自定义的云主机网络，自由设置，但是不要和物理机相同。

4. 创建路由

生效 demo 用户环境变量：

```
# . demo-openrc
```

创建路由器：

```
# neutron router-create router
```

```
controller  x   compute
[root@controller ~]# neutron router-create router
neutron CLI is deprecated and will be removed in the future. Use openstack CLI instead.
Created a new router:
+-------------------------+--------------------------------------+
| Field                   | Value                                |
+-------------------------+--------------------------------------+
| admin_state_up          | True                                 |
| availability_zone_hints |                                      |
| availability_zones      |                                      |
| created_at              | 2021-06-11T10:31:10Z                 |
| description             |                                      |
| distributed             | False                                |
| external_gateway_info   |                                      |
| flavor_id               |                                      |
| ha                      | False                                |
| id                      | 510098c3-36ab-4135-954b-6960418d1117 |
| name                    | router                               |
| project_id              | e0161d78876f4b8d97eb26f3b8798580     |
| revision_number         | 1                                    |
| routes                  |                                      |
| status                  | ACTIVE                               |
| tags                    |                                      |
| tenant_id               | e0161d78876f4b8d97eb26f3b8798580     |
| updated_at              | 2021-06-11T10:31:10Z                 |
+-------------------------+--------------------------------------+
```

添加 Self-service 网络的子网的路由器口：

```
# neutron router-interface-add router selfservice
```

```
controller  x   compute
[root@controller ~]# neutron router-interface-add router selfservice
neutron CLI is deprecated and will be removed in the future. Use openstack CLI instead.
Added interface 3306bf89-b780-4f9a-8261-cf60441e96e2 to router router.
```

设置路由器的 Provider 网络的网关：

```
# neutron router-gateway-set router provider
```

```
[root@controller ~]# neutron router-gateway-set router provider
Set gateway for router router
```

8.1.3 验证网络

生效 admin 用户环境变量：

```
# . admin-openrc
```

查看网络命名空间：

```
# ip netns
```

```
[root@controller ~]# ip netns
qrouter-adea2a28-9bf6-4862-9cbe-9c3da392e244 (id: 2)
qdhcp-8f82ab7d-0cd5-4c79-adc4-e4365fa6ff11 (id: 1)
qdhcp-18a59b48-85d4-4b31-9e11-d466f5341c5b (id: 0)
```

列出路由器端口地址，查看 Provider 网络网关 IP 地址：

```
# neutron router-port-list router
```

```
[root@controller ~]# neutron router-port-list router
+--------------------------------------+------+-------------------+---------------------------------------------------------------------------------------+
| id                                   | name | mac_address       | fixed_ips                                                                             |
+--------------------------------------+------+-------------------+---------------------------------------------------------------------------------------+
| 1efe2048-1f9e-4369-9260-6c05f19366c9 |      | fa:16:3e:80:70:c7 | {"subnet_id": "e0e64a5d-e07a-4db5-87a5-7b59e2611d04", "ip_address": "192.168.200.101"} |
| 301ce51f-866e-4610-a5af-83633e69f1c5 |      | fa:16:3e:c9:17:3f | {"subnet_id": "040a3afc-6b8b-49f5-af09-72fe990924bd", "ip_address": "10.0.0.1"}        |
+--------------------------------------+------+-------------------+---------------------------------------------------------------------------------------+
```

8.2 创建云主机

8.2.1 设置密钥对

生效 demo 用户环境变量：

```
# . demo-openrc
```

创建密钥对：

```
# ssh-keygen -q -N ""
```

```
[root@controller ~]# ssh-keygen -q -N ""
Enter file in which to save the key (/root/.ssh/id_rsa):
```

此处直接回车。

```
# openstack keypair create --public-key ~/.ssh/id_rsa.pub mykey
```

```
[root@controller ~]# openstack keypair create --public-key ~/.ssh/id_rsa.pub mykey
+-------------+-------------------------------------------------+
| Field       | Value                                           |
+-------------+-------------------------------------------------+
| fingerprint | 36:58:99:a7:df:48:b5:40:dc:4b:ec:54:6a:34:c2:26 |
| name        | mykey                                           |
| user_id     | d5c9272aadc24c00899fe2fe00f3aa7f                |
+-------------+-------------------------------------------------+
```

查看密钥对：

```
# openstack keypair list
```

```
[root@controller ~]# openstack keypair list
+-------+-------------------------------------------------+
| Name  | Fingerprint                                     |
+-------+-------------------------------------------------+
| mykey | 36:58:99:a7:df:48:b5:40:dc:4b:ec:54:6a:34:c2:26 |
+-------+-------------------------------------------------+
```

8.2.2 添加安全规则

为默认安全组 default 添加规则。

允许 ICMP（ping）：

```
# openstack security group rule create --proto icmp default
```

```
[root@controller ~]# openstack security group rule create --proto icmp default
+-----------------------+--------------------------------------+
| Field                 | Value                                |
+-----------------------+--------------------------------------+
| id                    | eaec29ba-f3f2-4b3e-80ff-0a77792eeb74 |
| ip_protocol           | icmp                                 |
| ip_range              | 0.0.0.0/0                            |
| parent_group_id       | 96dd7907-f70e-4973-bf79-623fb6fe4e1e |
| port_range            |                                      |
| remote_security_group |                                      |
+-----------------------+--------------------------------------+
```

允许 SSH 访问：

```
# openstack security group rule create --proto tcp --dst-port 22 default
```

```
[root@controller ~]# openstack security group rule create --proto tcp --dst-port 22 default
+-----------------------+--------------------------------------+
| Field                 | Value                                |
+-----------------------+--------------------------------------+
| id                    | c6cc7f24-924b-4474-9276-a7a4d7b1448c |
| ip_protocol           | tcp                                  |
| ip_range              | 0.0.0.0/0                            |
| parent_group_id       | 96dd7907-f70e-4973-bf79-623fb6fe4e1e |
| port_range            | 22:22                                |
| remote_security_group |                                      |
+-----------------------+--------------------------------------+
```

8.2.3 创建云主机类型

生效 admin 用户环境变量：

```
.# admin-openrc
# openstack flavor create --id 0 --vcpus 1 --ram 64 --disk 1 m1.tiny
```

8.2.4 创建云主机

1. 生效 demo 用户环境变量

```
# . demo-openrc
```

2. 查看可用云主机类型

```
# openstack flavor list
```

```
[root@controller ~]# openstack flavor list
+----+-----------+-------+------+-----------+-------+-----------+
| ID | Name      |   RAM | Disk | Ephemeral | VCPUs | Is Public |
+----+-----------+-------+------+-----------+-------+-----------+
| 1  | m1.tiny   |   512 |    1 |         0 |     1 | True      |
| 2  | m1.small  |  2048 |   20 |         0 |     1 | True      |
| 3  | m1.medium |  4096 |   40 |         0 |     2 | True      |
| 4  | m1.large  |  8192 |   80 |         0 |     4 | True      |
| 5  | m1.xlarge | 16384 |  160 |         0 |     8 | True      |
+----+-----------+-------+------+-----------+-------+-----------+
```

3. 查看可用镜像

```
# openstack image list
```

```
[root@controller ~]#  openstack image list
+--------------------------------------+--------+--------+
| ID                                   | Name   | Status |
+--------------------------------------+--------+--------+
| ead0b366-5a9a-437e-892e-a0b4b40a7b3a | cirros | active |
+--------------------------------------+--------+--------+
```

4. 查看可用网络列表

```
# openstack network list
```

```
[root@controller ~]#  openstack network list
+--------------------------------------+-------------+--------------------------------------+
| ID                                   | Name        | Subnets                              |
+--------------------------------------+-------------+--------------------------------------+
| 18a59b48-85d4-4b31-9e11-d466f5341c5b | provider    | e0e64a5d-e07a-4db5-87a5-7b59e2611d04 |
| 8f82ab7d-0cd5-4c79-adc4-e4365fa6ff11 | selfservice | 040a3afc-6b8b-49f5-af09-72fe990924bd |
+--------------------------------------+-------------+--------------------------------------+
```

5. 查看可用安全组

```
# openstack security group list
```

```
[root@controller ~]# openstack security group list
+--------------------------------------+---------+------------------------+----------------------------------+
| ID                                   | Name    | Description            | Project                          |
+--------------------------------------+---------+------------------------+----------------------------------+
| 96dd7907-f70e-4973-bf79-623fb6fe4e1e | default | Default security group | 622d72c12b9b4fb49b76860b3178f490 |
+--------------------------------------+---------+------------------------+----------------------------------+
```

6. 创建云主机

```
# openstack server create --flavor m1.tiny --image cirros --nic net-id=8f82ab7d-0cd5-4c79- adc4- e4365fa6ff11
--security-group default --key-name mykey selfservice-instance
```

```
[root@controller ~]# openstack server create --flavor m1.tiny --image cirros \
> --nic net-id=6fb01a2f-e88b-41d6-8530-ca596dc87930 --security-group default \
> --key-name mykey selfservice-instance
> --key-name mykey selfservice-instance
+-------------------------------------+-----------------------------------------------+
| Field                               | Value                                         |
+-------------------------------------+-----------------------------------------------+
| OS-DCF:diskConfig                   | MANUAL                                        |
| OS-EXT-AZ:availability_zone         |                                               |
| OS-EXT-SRV-ATTR:host                | None                                          |
| OS-EXT-SRV-ATTR:hypervisor_hostname | None                                          |
| OS-EXT-SRV-ATTR:instance_name       |                                               |
| OS-EXT-STS:power_state              | NOSTATE                                       |
| OS-EXT-STS:task_state               | scheduling                                    |
| OS-EXT-STS:vm_state                 | building                                      |
| OS-SRV-USG:launched_at              | None                                          |
| OS-SRV-USG:terminated_at            | None                                          |
| accessIPv4                          |                                               |
| accessIPv6                          |                                               |
| addresses                           |                                               |
| adminPass                           | 44axTxsSXSj5                                  |
| config_drive                        |                                               |
| created                             | 2021-06-04T09:23:02Z                          |
| flavor                              | m1.tiny (1)                                   |
| hostId                              |                                               |
| id                                  | fc048333-7ac6-4691-a86e-3e5ab0676a19          |
| image                               | cirros (e5b0fb02-7956-427c-95d2-20710e7a2688) |
| key_name                            | mykey                                         |
| name                                | selfservice-instance                          |
| progress                            | 0                                             |
| project_id                          | a35f13ff3bde49aeaa0d569b91e52860              |
| properties                          |                                               |
| security_groups                     | name='a11ba9bc-1ab5-4534-a746-8bc3b24c5fa2'   |
| status                              | BUILD                                         |
| updated                             | 2021-06-04T09:23:02Z                          |
| user_id                             | e55ba6c606164e3e9e4dc3ce4f42b390              |
| volumes_attached                    |                                               |
+-------------------------------------+-----------------------------------------------+
```

注：

（1）--nic net-id 选项中，id 为 OpenStack network list 列表中的 selfservice 网络的 ID。

（2）创建的云主机的 ID 为随机生成且唯一。

7. 查看云主机

```
# openstack server list
```

```
[root@controller ~]#  openstack server list
+--------------------------------------+----------------------+--------+------------------------+
| ID                                   | Name                 | Status | Networks               |
+--------------------------------------+----------------------+--------+------------------------+
| c814db96-ee55-464a-ac2e-d3ba1c0f7ef3 | selfservice-instance | ACTIVE | selfservice=10.0.0.3   |
+--------------------------------------+----------------------+--------+------------------------+
```

8. 远程访问云主机

创建 provider 网络浮动 IP 地址：

```
# openstack floating ip create   provider
```

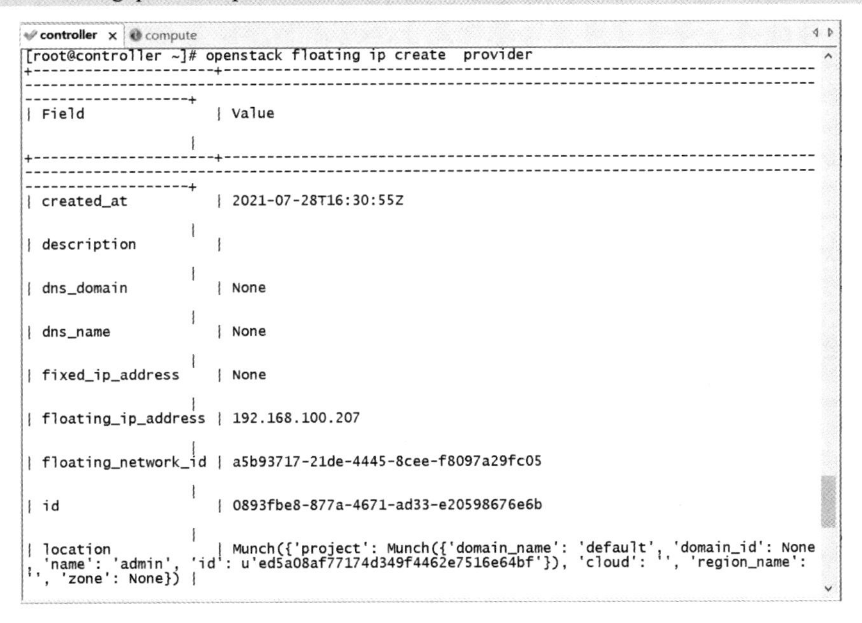

```
[root@controller ~]# openstack floating ip create  provider
+---------------------+------------------------------------------------------------
--------------------+
| Field               | Value
                    |
+---------------------+------------------------------------------------------------
--------------------+
| created_at          | 2021-07-28T16:30:55Z
                    |
| description         |
                    |
| dns_domain          | None
                    |
| dns_name            | None
                    |
| fixed_ip_address    | None
                    |
| floating_ip_address | 192.168.100.207
                    |
| floating_network_id | a5b93717-21de-4445-8cee-f8097a29fc05
                    |
| id                  | 0893fbe8-877a-4671-ad33-e20598676e6b
                    |
| location            | Munch({'project': Munch({'domain_name': 'default', 'domain_id': None
, 'name': 'admin', 'id': u'ed5a08af77174d349f4462e7516e64bf'}), 'cloud': '', 'region_name':
'', 'zone': None}) |
```

云主机与浮动 IP 地址关联：

```
# openstack server add floating ip selfservice-instance 192.168.100.207
```

查看云主机：

```
# openstack server list
```

```
[root@controller ~]# openstack server list
+--------------------------------------+----------------------+--------+------------------------------------------+--------+---------+
| ID                                   | Name                 | Status | Networks                                 | Image  | Flavor  |
+--------------------------------------+----------------------+--------+------------------------------------------+--------+---------+
| 3197314b-378d-4592-8e30-aff20dca9254 | selfservice-instance | ACTIVE | selfservice=10.0.0.95, 192.168.100.207   | cirros | m1.tiny |
+--------------------------------------+----------------------+--------+------------------------------------------+--------+---------+
```

验证并远程登录：

```
[root@compute ~]#ping -c 4 192.168.100.207
# ssh cirros@192.168.100.207
# ifconfig
# exit
```

```
[root@controller ~]# ping -c 4 192.168.100.207
PING 192.168.100.207 (192.168.100.207) 56(84) bytes of data.
64 bytes from 192.168.100.207: icmp_seq=1 ttl=63 time=3.57 ms
64 bytes from 192.168.100.207: icmp_seq=2 ttl=63 time=1.15 ms
64 bytes from 192.168.100.207: icmp_seq=3 ttl=63 time=0.987 ms
64 bytes from 192.168.100.207: icmp_seq=4 ttl=63 time=0.985 ms

--- 192.168.100.207 ping statistics ---
4 packets transmitted, 4 received, 0% packet loss, time 3004ms
rtt min/avg/max/mdev = 0.985/1.676/3.575/1.098 ms
[root@controller ~]# ssh cirros@192.168.100.207
$ ifconfig
eth0      Link encap:Ethernet  HWaddr FA:16:3E:4F:FA:88
          inet addr:10.0.0.95  Bcast:10.0.0.255  Mask:255.255.255.0
          inet6 addr: fe80::f816:3eff:fe4f:fa88/64 Scope:Link
          UP BROADCAST RUNNING MULTICAST  MTU:1450  Metric:1
          RX packets:257 errors:0 dropped:0 overruns:0 frame:0
          TX packets:257 errors:0 dropped:0 overruns:0 carrier:0
          collisions:0 txqueuelen:1000
          RX bytes:36553 (35.6 KiB)  TX bytes:31505 (30.7 KiB)

lo        Link encap:Local Loopback
          inet addr:127.0.0.1  Mask:255.0.0.0
          inet6 addr: ::1/128 Scope:Host
          UP LOOPBACK RUNNING  MTU:16436  Metric:1
          RX packets:0 errors:0 dropped:0 overruns:0 frame:0
          TX packets:0 errors:0 dropped:0 overruns:0 carrier:0
          collisions:0 txqueuelen:0
          RX bytes:0 (0.0 B)  TX bytes:0 (0.0 B)

$ exit
Connection to 192.168.100.207 closed.
```

通过“ping -c 4 192.168.100.207”来测试云主机是否能够进行通信。

通过命令“ssh cirros@192.168.100.207”进入云主机终端。

再输入“ifconfig”查看的 IP 地址 10.0.0.95 为云主机 IP 地址，192.168.100.207 为远程登录 IP 地址。

输入“exit”退出云主机，返回主机。

拓展考核

1．尝试使用 OpenStack 的 Web 界面运行一个云主机。

2．使用命令运行一个云主机。

第 9 章

对象存储服务 Swift

学习目标

知识目标

- 了解对象存储
- 了解 Swift 服务
- 了解 Swift 组件

技能目标

- 掌握 Swift 的安装与配置
- 掌握 Swift 的日常运维

素质目标

- 注重职业精神
- 厚植职业理念
- 践行理实一体
- 培养创新能力

项目引导

小杨安装完之前的服务，想了想测试部门所说的在不同环境测试的要求，准备搭建一个含有各类测试工具的公共平台。

起初，小杨打算用 FTP 服务来搭建，但在浏览了 OpenStack 组件列表后，选择了对象存储 Swift 来作为后续测试工具平台的部署环境。

相关知识

9.1 Swift 基本概念

OpenStack 对象存储（Swift）是用于通过标准化服务器集群来建立的 PB 级数据存储服务。这是一个长期运作的存储系统，主要用于存储大量可以检索和更新的静态数据。对象存储使用没有中心控制点的分布式体系结构，提供了更好的可伸缩性、冗余性和持久性。数据被写入多个硬件设备，而 OpenStack 软件则负责确保整个集群中数据的复制和完整性。通过添加新节点，存储集群可轻松实现水平扩展。若某个节点发生故障，OpenStack 会从其他活动节点复制其内容。

由于 OpenStack 使用软件逻辑来确保数据在不同设备之间的复制和分发，因此对象存储是经济、高效的横向扩展存储的理想选择。它提供了一个完全分布式的、可访问 API 的存储平台，该平台可以直接集成到应用程序中或用于备份、归档和数据保留等操作。

Swift 是一个多租户的对象存储系统，主要通过 RESTful HTTP API 以低成本管理大量非结构化数据。它包括以下组件。

（1）代理服务器（swift-proxy-server）。

接收 OpenStack 对象存储 API 和原始 HTTP 请求，主要是上传文件、修改元数据和创建容器。同时，它还向 Web 浏览器提供文件或容器列表。为了提高性能，代理服务器通常与 memcache 一起部署。

（2）账户服务器（swift-account-server）。

管理使用对象存储定义的账户。

（3）容器服务器（swift-container-server）。

在对象存储中管理容器或文件夹的映射。

（4）对象服务器（swift-object-server）。

管理存储节点上的实际对象，如文件。

（5）各种周期性过程。

在大型数据存储中执行内务处理任务。使用复制服务来确保整个集群的一致性和可用性。

（6）WSGI 中间件。

处理身份验证业务，通常是 OpenStack 的身份组件 Keystone。

（7）Swift 客户端。

使不同身份的用户能够通过客户端将命令提交到 REST API。

（8）Swift-init。

脚本快速初始化环文件的构建，以守护程序名称作为参数并提供命令。

（9）Swift-recon。

CLI 工具，主要用于检索 Swift-recon 中间件已收集的有关集群的各种度量和遥测信息。

（10）Swift-ring-builder。

用于手动构建和管理环。

Swift 对象存储的存储块构建如图 9-1 所示。

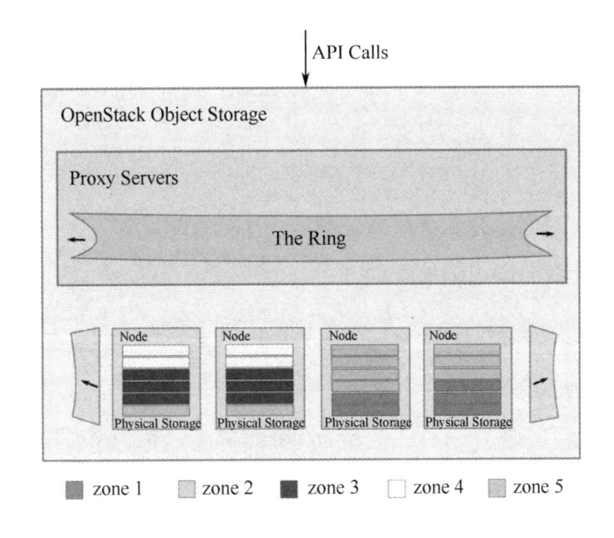

图 9-1 Swift 对象存储的存储块构建

其中，代理服务器（Proxy Servers）负责处理所有传入的 API 请求；环（The Ring）负责将数据的逻辑名称映射到特定磁盘上的位置；区域（zone）是逻辑上对数据的分隔，当数据跨区域复制时，一个区域中的故障不会影响集群的其余部分。

Swift 中每个账户和容器都是分布在整个集群中的独立数据库。账户数据库包含该账户中的容器列表。容器数据库包含该容器中的对象列表，对象往往是指数据本身。同时，为了方便对数据进行操作，也提出了分区的概念。分区用于存储对象、账户数据库和容器数据库，并帮助管理数据在集群中的位置。

Swift 的存储核心机制之一为环（Ring），环代表存储在磁盘上的实体名称与其物理位置之间的映射。每个存储策略都作用于账户环、容器环和对象环。当其他组件需要对某个对象、容器或账户执行任何操作时，它们需要与相应的环进行交互以确定其在集群中的位置。

项目实施

9.2 控制节点环境配置

1. 配置 hosts 映射

编辑/etc/hosts：

```
# 192.168.200.101 compute
```

2. 生效 admin 用户环境变量

```
# . admin-openrc
```

3. 创建 Swift 用户

```
# openstack user create --domain default --password-prompt swift
```

```
controller × compute
[root@controller ~]# openstack user create --domain default --password-prompt swift
User Password:
Repeat User Password:
+---------------------+----------------------------------+
| Field               | Value                            |
+---------------------+----------------------------------+
| domain_id           | default                          |
| enabled             | True                             |
| id                  | 4ce84ba6513a4dc0a05632bfb1125648 |
| name                | swift                            |
| options             | {}                               |
| password_expires_at | None                             |
+---------------------+----------------------------------+
```

4. 将 admin 角色添加给 Swift 用户

```
# openstack role add --project service --user swift admin
```

5. 创建 Swift 服务实体

```
# openstack service create --name swift --description "OpenStack Object Storage" object-store
```

```
controller × compute
[root@controller ~]# openstack service create --name swift --description "OpenStack Object
Storage" object-store
+-------------+----------------------------------+
| Field       | Value                            |
+-------------+----------------------------------+
| description | OpenStack Object Storage         |
| enabled     | True                             |
| id          | 0b96b5da2a2546eb82f18cbb9c545bc7 |
| name        | swift                            |
| type        | object-store                     |
+-------------+----------------------------------+
```

6. 创建 Swift 服务 API 端点

创建公共端点：

```
# openstack endpoint create --region RegionOne object-store public http://controller:8080/v1/AUTH_%\(project_id\)s
```

创建外部端点：

```
# openstack endpoint create --region RegionOne object-store internal http://controller:8080/v1/AUTH_%\(project_id\)s
```

创建管理端点：

```
# openstack endpoint create --region RegionOne object-store admin http://controller:8080/v1
```

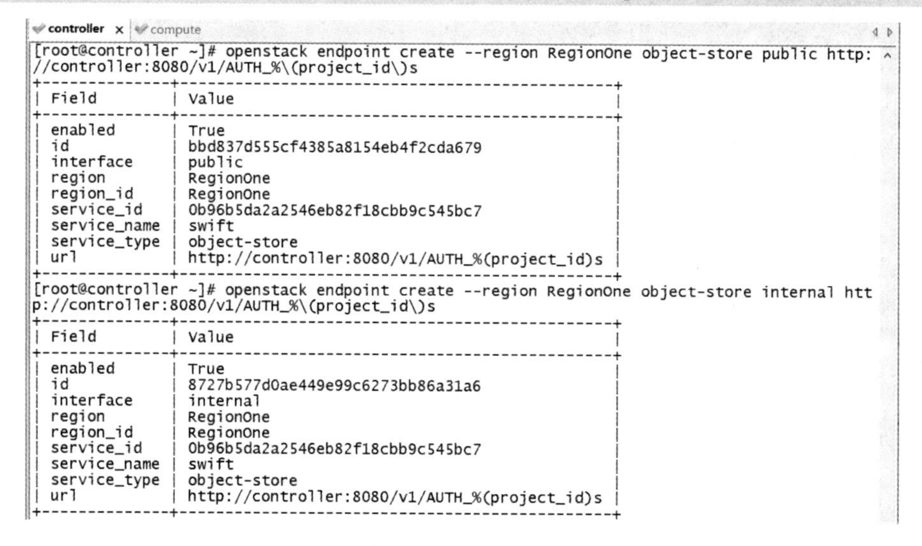

```
controller × compute
[root@controller ~]# openstack endpoint create --region RegionOne object-store public http:
//controller:8080/v1/AUTH_%\(project_id\)s
+--------------+-----------------------------------------------+
| Field        | Value                                         |
+--------------+-----------------------------------------------+
| enabled      | True                                          |
| id           | bbd837d555cf4385a8154eb4f2cda679              |
| interface    | public                                        |
| region       | RegionOne                                     |
| region_id    | RegionOne                                     |
| service_id   | 0b96b5da2a2546eb82f18cbb9c545bc7              |
| service_name | swift                                         |
| service_type | object-store                                  |
| url          | http://controller:8080/v1/AUTH_%(project_id)s |
+--------------+-----------------------------------------------+
[root@controller ~]# openstack endpoint create --region RegionOne object-store internal htt
p://controller:8080/v1/AUTH_%\(project_id\)s
+--------------+-----------------------------------------------+
| Field        | Value                                         |
+--------------+-----------------------------------------------+
| enabled      | True                                          |
| id           | 8727b577d0ae449e99c6273bb86a31a6              |
| interface    | internal                                      |
| region       | RegionOne                                     |
| region_id    | RegionOne                                     |
| service_id   | 0b96b5da2a2546eb82f18cbb9c545bc7              |
| service_name | swift                                         |
| service_type | object-store                                  |
| url          | http://controller:8080/v1/AUTH_%(project_id)s |
+--------------+-----------------------------------------------+
```

```
controller x   compute
[root@controller ~]# openstack endpoint create --region RegionOne object-store admin http:/
/controller:8080/v1
+--------------+----------------------------------+
| Field        | Value                            |
+--------------+----------------------------------+
| enabled      | True                             |
| id           | 2c2c6cee6973413099533e239c9d0461 |
| interface    | admin                            |
| region       | RegionOne                        |
| region_id    | RegionOne                        |
| service_id   | 0b96b5da2a2546eb82f18cbb9c545bc7 |
| service_name | swift                            |
| service_type | object-store                     |
| url          | http://controller:8080/v1        |
+--------------+----------------------------------+
```

9.3　安装控制节点并配置 Swift

1. 安装 Swift 软件包

```
# yum install -y openstack-swift-proxy python-swiftclient python-keystoneclient python-keystonemiddleware memcached
```

```
# curl -o /etc/swift/proxy-server.conf https://opendev.org/openstack/swift/raw/branch/master/etc/proxy-server.conf-sample
```

2. 编辑并配置文件

编辑并配置文件/etc/swift/proxy-server.conf。

在[DEFAULT]部分，配置绑定端口和用户，配置文件放置的目录：

```
[DEFAULT]

bind_ip = 0.0.0.0
bind_port = 8080
user = swift
```

在[pipeline:main]部分，删除“tempurl”和“tempauth”模块，并增加“authtoken”和“keystoneauth”模块。

完整的配置文件如下：

```
[DEFAULT]
bind_ip = 0.0.0.0
bind_port = 8080
user = swift

[pipeline:main]
pipeline = catch_errors gatekeeper healthcheck proxy-logging cache container_sync bulk ratelimit authtoken keystoneauth container-quotas account-quotas slo dlo versioned_writes proxy-logging proxy-server

[app:proxy-server]
use = egg:swift#proxy
allow_account_management = true
account_autocreate = true

#Keystone auth info
```

```
[filter:authtoken]
paste.filter_factory = keystonemiddleware.auth_token:filter_factory
www_authenticate_uri = http://controller:5000
auth_url = http://controller:5000/v3
memcached_servers = controller:11211
auth_type = password
project_domain_name = default
user_domain_name = default
project_name = service
username = swift
password = 000000
delay_auth_decision = true
service_token_roles_required = True
[filter:keystoneauth]
use = egg:swift#keystoneauth
operator_roles = admin,user

[filter:healthcheck]
use = egg:swift#healthcheck

[filter:cache]
use = egg:swift#memcache
memcache_servers = controller:11211

[filter:ratelimit]
use = egg:swift#ratelimit

[filter:domain_remap]
use = egg:swift#domain_remap

[filter:catch_errors]
use = egg:swift#catch_errors

[filter:cname_lookup]
use = egg:swift#cname_lookup

[filter:staticweb]
use = egg:swift#staticweb

[filter:tempurl]
use = egg:swift#tempurl

[filter:formpost]
use = egg:swift#formpost

[filter:name_check]
use = egg:swift#name_check
```

```
[filter:list-endpoints]
use = egg:swift#list_endpoints

[filter:proxy-logging]
use = egg:swift#proxy_logging

[filter:bulk]
use = egg:swift#bulk

[filter:slo]
use = egg:swift#slo

[filter:dlo]
use = egg:swift#dlo

[filter:container-quotas]
use = egg:swift#container_quotas

[filter:account-quotas]
use = egg:swift#account_quotas

[filter:gatekeeper]
use = egg:swift#gatekeeper

[filter:container_sync]
use = egg:swift#container_sync

[filter:xprofile]
use = egg:swift#xprofile

[filter:versioned_writes]
use = egg:swift#versioned_writes
```

编辑/etc/keystone/default_catalog.templates：

```
catalog.RegionOne.object_store.name = Swift Service
catalog.RegionOne.object_store.publicURL = http://swiftproxy:8080/v1/AUTH_$(tenant_id)s
catalog.RegionOne.object_store.adminURL = http://swiftproxy:8080/
catalog.RegionOne.object_store.internalURL = http://swiftproxy:8080/v1/AUTH_$(tenant_id)s
```

9.4 安装存储节点并配置 Swift

本节描述怎样为操作账号、容器和对象服务安装与配置存储节点。

为简单起见，这里在计算节点中划分出四块空的存储设备/dev/sdb、/dev/sdc、/dev/sdd、/dev/sde。

9.4.1 环境准备

1. 安装支持的工具包

```
# yum install xfsprogs rsync -y
```

2. 格式化磁盘

使用 XFS 格式化“/dev/sdb”“/dev/sdc”“/dev/sdd”“/dev/sde”四块磁盘：

```
# mkfs.xfs /dev/sdb
# mkfs.xfs /dev/sdc
# mkfs.xfs /dev/sdd
# mkfs.xfs /dev/sde
```

```
controller  compute ×
[root@compute ~]# mkfs.xfs /dev/sdb
meta-data=/dev/sdb               isize=512    agcount=4, agsize=1310720 blks
         =                       sectsz=512   attr=2, projid32bit=1
         =                       crc=1        finobt=0, sparse=0
data     =                       bsize=4096   blocks=5242880, imaxpct=25
         =                       sunit=0      swidth=0 blks
naming   =version 2              bsize=4096   ascii-ci=0 ftype=1
log      =internal log           bsize=4096   blocks=2560, version=2
         =                       sectsz=512   sunit=0 blks, lazy-count=1
realtime =none                   extsz=4096   blocks=0, rtextents=0
[root@compute ~]# mkfs.xfs /dev/sdc
meta-data=/dev/sdc               isize=512    agcount=4, agsize=655360 blks
         =                       sectsz=512   attr=2, projid32bit=1
         =                       crc=1        finobt=0, sparse=0
data     =                       bsize=4096   blocks=2621440, imaxpct=25
         =                       sunit=0      swidth=0 blks
naming   =version 2              bsize=4096   ascii-ci=0 ftype=1
log      =internal log           bsize=4096   blocks=2560, version=2
         =                       sectsz=512   sunit=0 blks, lazy-count=1
realtime =none                   extsz=4096   blocks=0, rtextents=0
```

3. 创建磁盘挂载目录

```
# mkdir -p /srv/node/sdb
# mkdir -p /srv/node/sdc
# mkdir -p /srv/node/sdd
# mkdir -p /srv/node/sde
```

4. 添加文件并进行配置

编辑/etc/fstab 文件，添加如下文件，配置自动开机自动挂载：

```
/dev/sdb /srv/node/sdb xfs noatime,nodiratime,nobarrier,logbufs=8 0 2
/dev/sdc /srv/node/sdc xfs noatime,nodiratime,nobarrier,logbufs=8 0 2
/dev/sdd /srv/node/sdd xfs noatime,nodiratime,nobarrier,logbufs=8 0 2
/dev/sde /srv/node/sde xfs noatime,nodiratime,nobarrier,logbufs=8 0 2
```

5. 挂载磁盘

```
# mount /srv/node/sdb
# mount /srv/node/sdc
# mount /srv/node/sdd
# mount /srv/node/sde
# df   -hT        （查看是否挂载成功）
```

```
controller  compute ×
[root@compute ~]# df  -hT
Filesystem              Type      Size  Used Avail Use% Mounted on
devtmpfs                devtmpfs  1.9G     0  1.9G   0% /dev
tmpfs                   tmpfs     1.9G     0  1.9G   0% /dev/shm
tmpfs                   tmpfs     1.9G   12M  1.9G   1% /run
tmpfs                   tmpfs     1.9G     0  1.9G   0% /sys/fs/cgroup
/dev/mapper/centos-root xfs        17G  2.6G   15G  15% /
/dev/sda1               xfs      1014M  182M  833M  18% /boot
tmpfs                   tmpfs     378M     0  378M   0% /run/user/0
/dev/sdb                xfs        20G   33M   20G   1% /srv/node/sdb
/dev/sdc                xfs        10G   33M   10G   1% /srv/node/sdc
```

6. 编辑文件

编辑/etc/rsyncd.conf 文件，包含以下内容：

```
uid = swift
gid = swift
log file = /var/log/rsyncd.log
pid file = /var/run/rsyncd.pid
address = 192.168.200.101

[account]
max connections = 2
path = /srv/node/
read only = False
lock file = /var/lock/account.lock

[container]
max connections = 2
path = /srv/node/
read only = False
lock file = /var/lock/container.lock

[object]
max connections = 2
path = /srv/node/
read only = False
lock file = /var/lock/object.lock
```

7. 启动 rsyncd 服务并设置开机自启动

```
# systemctl enable rsyncd.service
# systemctl start rsyncd.service
```

9.4.2 安装并配置

注：以下操作需要在每一个存储节点上执行。

1. 安装软件包

```
# yum install -y openstack-swift-account openstack-swift-container openstack-swift-object
```

2. 获取配置文件

从 OpenStack 官网对象存储源仓库中获取 account、container 及 object 服务配置文件：

```
# curl -o /etc/swift/account-server.conf https://opendev.org/openstack/swift/raw/branch/master/etc/account-server.conf-sample
# curl -o /etc/swift/container-server.conf https://opendev.org/openstack/swift/raw/branch/master/etc/container-server.conf-sample
# curl -o /etc/swift/object-server.conf https://opendev.org/openstack/swift/raw/branch/master/etc/object-server.conf-sample
```

3. 编辑 account 文件

编辑/etc/swift/account-server.conf 文件并完成下列操作：

```
[DEFAULT]
bind_ip = 192.168.200.101
bind_port = 6202
# keep_idle = 600
# bind_timeout = 30
# backlog = 4096
user = swift
swift_dir = /etc/swift
devices = /srv/node
mount_check = true

[pipeline:main]
pipeline = healthcheck recon account-server

[app:account-server]
use = egg:swift#account

[filter:healthcheck]
use = egg:swift#healthcheck
#An optional filesystem path, which if present, will cause the healthcheck
#URL to return "503 Service Unavailable" with a body of "DISABLED BY FILE"
#disable_path =

[filter:recon]
use = egg:swift#recon
recon_cache_path = /var/cache/swift

[account-replicator]

[account-auditor]

[account-reaper]
[filter:xprofile]
use = egg:swift#xprofile
```

4. 编辑 container 文件

编辑/etc/swift/container-server.conf 文件并完成下列操作：

```
[DEFAULT]
bind_ip = 192.168.200.101
bind_port = 6201
# keep_idle = 600
# bind_timeout = 30
# backlog = 4096
user = swift
```

```
swift_dir = /etc/swift
devices = /srv/node
mount_check = true

[pipeline:main]
pipeline = healthcheck recon container-server

[app:container-server]
use = egg:swift#container
#
[filter:healthcheck]
use = egg:swift#healthcheck
# An optional filesystem path, which if present, will cause the healthcheck
# URL to return "503 Service Unavailable" with a body of "DISABLED BY FILE"
# disable_path =

[filter:recon]
use = egg:swift#recon
#recon_cache_path = /var/cache/swift

[container-replicator]

[container-updater]

[container-auditor]

[container-sync]
[filter:xprofile]
use = egg:swift#xprofile
[container-sharder]
```

5. 编辑 object 文件

编辑/etc/swift/object-server.conf 文件并完成下列操作：

```
[DEFAULT]
bind_ip = 0.0.0.0
bind_port = 6200
# keep_idle = 600
# bind_timeout = 30
# backlog = 4096
user = swift
swift_dir = /etc/swift
devices = /srv/node
mount_check = true
# ionice_priority =

[pipeline:main]
```

```
pipeline = healthcheck recon object-server

[app:object-server]
use = egg:swift#object
recon_cache_path = /var/cache/swift
recon_lock_path = /var/lock

[filter:healthcheck]
use = egg:swift#healthcheck
# An optional filesystem path, which if present, will cause the healthcheck
# URL to return "503 Service Unavailable" with a body of "DISABLED BY FILE"
# disable_path =

[filter:recon]
use = egg:swift#recon
#recon_cache_path = /var/cache/swift
#recon_lock_path = /var/lock

[object-replicator]

[object-reconstructor]

[object-updater]

[object-expirer]
[filter:xprofile]
use = egg:swift#xprofile

[object-relinker]

[object-auditor]
# You can override the default log routing for this app here (don't use set!):
log_name = object-auditor
log_facility = LOG_LOCAL0
log_level = INFO
log_address=/dev/log
```

6. 修改挂载点目录权限

```
# chown -R swift:swift /srv/node
```

查看：

```
# ls -l /srv/
```

```
[root@compute ~]# ls -l /srv/
total 0
drwxr-xr-x. 4 swift swift 28 Jun 10 08:20 node
[root@compute ~]# _
```

7. 创建 recon 的目录并修改权限

```
# mkdir -p /var/cache/swift
# chown -R root:swift /var/cache/swift
# chmod -R 775 /var/cache/swift
```

9.5　创建并分发 Ring

以下操作在控制节点上执行。

9.5.1　创建账户 Ring

1. 切换到/etc/swift 目录

创建基本 account.builder 文件：

```
# swift-ring-builder account.builder create 10 3 1
```

2. 添加所有存储节点到 Ring 中

```
# account.builder add --region 1 -zone 1 --ip STORAGE_NODE_MANAGEMENT_ INTERFACE_IP_ADDRESS --port 6202 --device DEVICE_NAME --weight DEVICE_WEIGHT
```

说明： 将 STORAGE_NODE_MANAGEMENT_INTERFACE_IP_ADDRESS 替换为存储节点管理网络的 IP 地址，将 DEVICE_NAME 替换为同一个存储节点存储设备的名称，DEVICE_WEIGHT 为大小。

```
# swift-ring-builder account.builder add --region 1 --zone 1 --ip 192.168.200.101 --port 6202 --device sdb --weight 100
# swift-ring-builder account.builder add --region 1 --zone 1 --ip 192.168.200.101 --port 6202 --device sdc --weight 100
# swift-ring-builder account.builder add --region 1 --zone 2 --ip 192.168.200.101 --port 6202 --device sdd --weight 100
# swift-ring-builder account.builder add --region 1 --zone 2 --ip 192.168.200.101 --port 6202 --device sde --weight 100
```

3. 校验 Ring 的内容

```
# swift-ring-builder account.builder
```

```
controller × compute
[root@controller swift]# swift-ring-builder account.builder
account.builder, build version 2, id 49e63ea14ee542ff9ab2f0f57291e46e
1024 partitions, 3.000000 replicas, 1 regions, 1 zones, 2 devices, 100.00 balance, 0.00 dis
persion
The minimum number of hours before a partition can be reassigned is 1 (0:00:00 remaining)
The overload factor is 0.00% (0.000000)
Ring file account.ring.gz not found, probably it hasn't been written yet
Devices:    id region zone      ip address:port  replication ip:port  name weight partitions
 balance flags meta
             0      1    1 192.168.200.101:6202 192.168.200.101:6202   sdb 100.00          0
 -100.00
             1      1    1 192.168.200.101:6202 192.168.200.101:6202   sdc 100.00          0
 -100.00
```

4. 重新分发 Ring

```
# swift-ring-builder account.builder rebalance
# swift-ring-builder account.builder
```

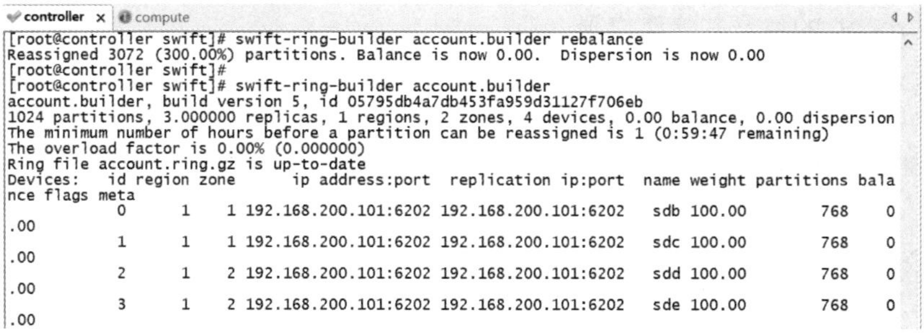

```
controller × compute
[root@controller swift]# swift-ring-builder account.builder rebalance
Reassigned 3072 (300.00%) partitions. Balance is now 0.00.  Dispersion is now 0.00
[root@controller swift]#
[root@controller swift]# swift-ring-builder account.builder
account.builder, build version 5, id 05795db4a7db453fa959d31127f706eb
1024 partitions, 3.000000 replicas, 1 regions, 2 zones, 4 devices, 0.00 balance, 0.00 dispersion
The minimum number of hours before a partition can be reassigned is 1 (0:59:47 remaining)
The overload factor is 0.00% (0.000000)
Ring file account.ring.gz is up-to-date
Devices:   id region zone      ip address:port  replication ip:port  name weight partitions bala
nce flags meta
            0      1    1 192.168.200.101:6202 192.168.200.101:6202   sdb 100.00        768    0
.00
            1      1    1 192.168.200.101:6202 192.168.200.101:6202   sdc 100.00        768    0
.00
            2      1    2 192.168.200.101:6202 192.168.200.101:6202   sdd 100.00        768    0
.00
            3      1    2 192.168.200.101:6202 192.168.200.101:6202   sde 100.00        768    0
.00
```

9.5.2 创建容器 Ring

1. 切换到/etc/swift 目录

创建基本 container.builder 文件：

```
# swift-ring-builder container.builder create 10 3 1
```

2. 添加所有存储节点到 Ring 中

```
# swift-ring-builder container.builder add --region 1 --zone 1 --ip 192.168.200.101 --port 6201 --device sdb --weight 100
# swift-ring-builder container.builder add --region 1 --zone 1 --ip 192.168.200.101 --port 6201 --device sdc --weight 100
# swift-ring-builder container.builder add --region 1 --zone 2 --ip 192.168.200.101 --port 6201 --device sdd --weight 100
# swift-ring-builder container.builder add --region 1 --zone 2 --ip 192.168.200.101 --port 6201 --device sde --weight 100
```

3. 校验 Ring 的内容

```
# swift-ring-builder container.builder
```

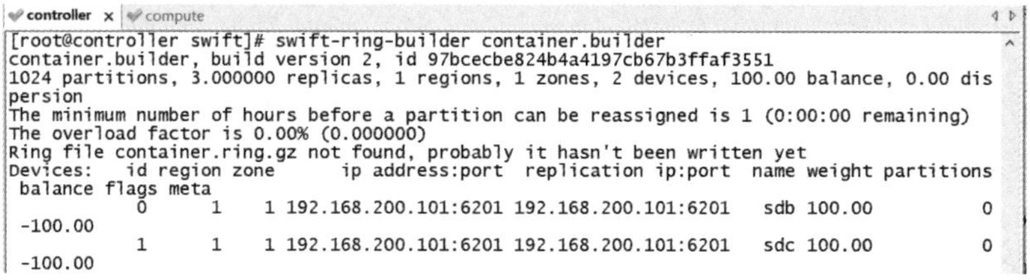

```
controller × compute
[root@controller swift]# swift-ring-builder container.builder
container.builder, build version 2, id 97bcecbe824b4a4197cb67b3ffaf3551
1024 partitions, 3.000000 replicas, 1 regions, 1 zones, 2 devices, 100.00 balance, 0.00 dis
persion
The minimum number of hours before a partition can be reassigned is 1 (0:00:00 remaining)
The overload factor is 0.00% (0.000000)
Ring file container.ring.gz not found, probably it hasn't been written yet
Devices:   id region zone      ip address:port  replication ip:port  name weight partitions
 balance flags meta
            0      1    1 192.168.200.101:6201 192.168.200.101:6201   sdb 100.00          0
 -100.00
            1      1    1 192.168.200.101:6201 192.168.200.101:6201   sdc 100.00          0
 -100.00
```

4. 重新分发 Ring

```
# swift-ring-builder container.builder rebalance
# swift-ring-builder container.builder
```

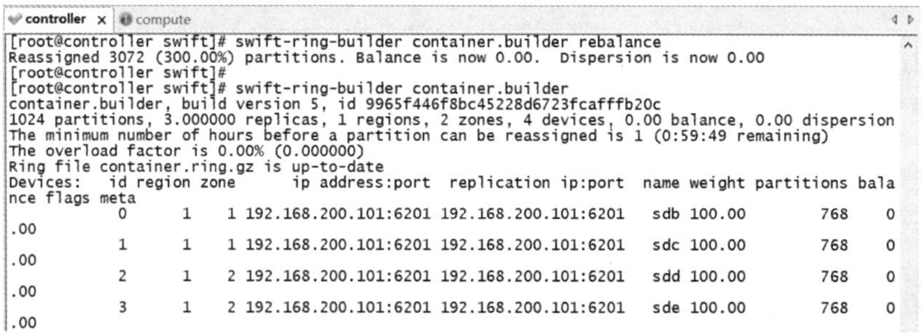

```
controller × compute
[root@controller swift]# swift-ring-builder container.builder rebalance
Reassigned 3072 (300.00%) partitions. Balance is now 0.00.  Dispersion is now 0.00
[root@controller swift]#
[root@controller swift]# swift-ring-builder container.builder
container.builder, build version 5, id 9965f446f8bc45228d6723fcafffb20c
1024 partitions, 3.000000 replicas, 1 regions, 2 zones, 4 devices, 0.00 balance, 0.00 dispersion
The minimum number of hours before a partition can be reassigned is 1 (0:59:49 remaining)
The overload factor is 0.00% (0.000000)
Ring file container.ring.gz is up-to-date
Devices:   id region zone      ip address:port  replication ip:port  name weight partitions bala
nce flags meta
            0      1    1 192.168.200.101:6201 192.168.200.101:6201   sdb 100.00        768    0
.00
            1      1    1 192.168.200.101:6201 192.168.200.101:6201   sdc 100.00        768    0
.00
            2      1    2 192.168.200.101:6201 192.168.200.101:6201   sdd 100.00        768    0
.00
            3      1    2 192.168.200.101:6201 192.168.200.101:6201   sde 100.00        768    0
.00
```

9.5.3　创建对象 Ring

1. 切换到/etc/swift 目录

创建基本 object.builder 文件：

```
# swift-ring-builder object.builder create 10 3 1
```

2. 添加所有存储节点到 Ring 中

```
# swift-ring-builder object.builder add --region 1 --zone 1 --ip 192.168.200.101 --port 6200 --device sdb --weight 100
# swift-ring-builder object.builder add --region 1 --zone 1 --ip 192.168.200.101 --port 6200 --device sdc --weight 100
# swift-ring-builder object.builder add --region 1 --zone 2 --ip 192.168.200.101 --port 6200 --device sdd --weight 100
# swift-ring-builder object.builder add --region 1 --zone 2 --ip 192.168.200.101 --port 6200 --device sde --weight 100
```

3. 校验 Ring 的内容

```
# swift-ring-builder object.builder
```

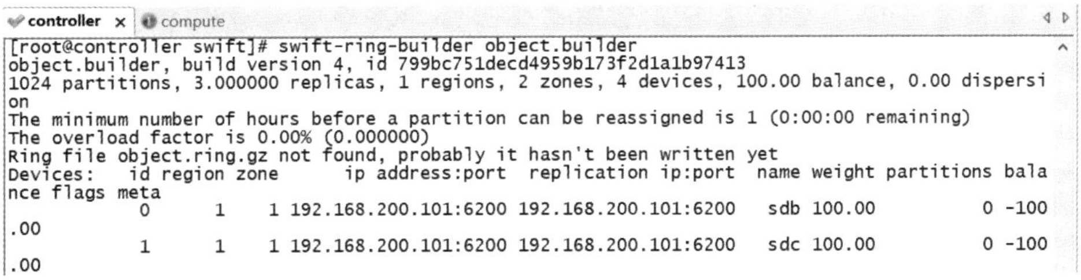

```
controller × compute
[root@controller swift]# swift-ring-builder object.builder
object.builder, build version 4, id 799bc751decd4959b173f2d1a1b97413
1024 partitions, 3.000000 replicas, 1 regions, 2 zones, 4 devices, 100.00 balance, 0.00 dispersi
on
The minimum number of hours before a partition can be reassigned is 1 (0:00:00 remaining)
The overload factor is 0.00% (0.000000)
Ring file object.ring.gz not found, probably it hasn't been written yet
Devices:   id region zone      ip address:port  replication ip:port  name weight partitions bala
nce flags meta
            0      1     1 192.168.200.101:6200 192.168.200.101:6200   sdb 100.00          0 -100
.00
            1      1     1 192.168.200.101:6200 192.168.200.101:6200   sdc 100.00          0 -100
.00
```

4. 重新分发 Ring

```
# swift-ring-builder object.builder rebalance
# swift-ring-builder object.builder
```

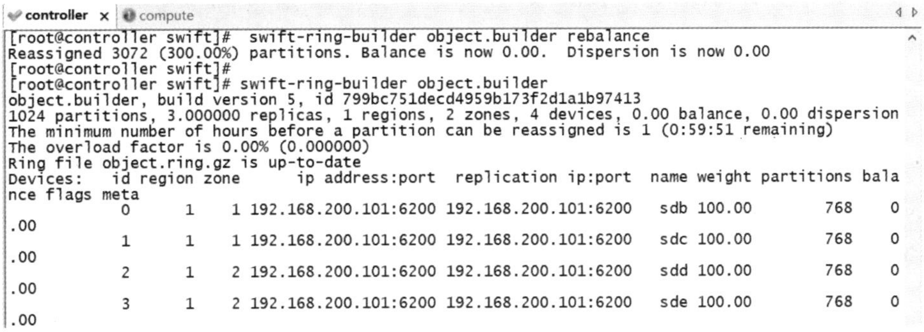

```
controller × compute
[root@controller swift]#  swift-ring-builder object.builder rebalance
Reassigned 3072 (300.00%) partitions. Balance is now 0.00.  Dispersion is now 0.00
[root@controller swift]#
[root@controller swift]# swift-ring-builder object.builder
object.builder, build version 5, id 799bc751decd4959b173f2d1a1b97413
1024 partitions, 3.000000 replicas, 1 regions, 2 zones, 4 devices, 0.00 balance, 0.00 dispersion
The minimum number of hours before a partition can be reassigned is 1 (0:59:51 remaining)
The overload factor is 0.00% (0.000000)
Ring file object.ring.gz is up-to-date
Devices:   id region zone      ip address:port  replication ip:port  name weight partitions bala
nce flags meta
            0      1     1 192.168.200.101:6200 192.168.200.101:6200   sdb 100.00        768    0
.00
            1      1     1 192.168.200.101:6200 192.168.200.101:6200   sdc 100.00        768    0
.00
            2      1     2 192.168.200.101:6200 192.168.200.101:6200   sdd 100.00        768    0
.00
            3      1     2 192.168.200.101:6200 192.168.200.101:6200   sde 100.00        768    0
.00
```

9.5.4　完成安装

（1）控制节点分化 Ring 文件到每个存储节点，复制 account.ring.gz、container.ring.gz、object.ring.gz 文件到每个存储节点的/etc/swift 目录中。

```
# scp account.ring.gz container.ring.gz object.ring.gz 192.168.200.101:/etc/swift
```

（2）控制节点从 OpenStack 对象存储源仓库中获取/etc/swift/swift.conf 文件。

```
# curl -o /etc/swift/swift.conf https://opendev.org/openstack/swift/raw/branch/master/etc/swift.conf-sample
```

（3）编辑/etc/swift/swift.conf 文件。

```
# head -c 32 /dev/random | base64
# head -c 32 /dev/random | base64
```

用以上命令生成两个哈希串：

```
controller × | compute
[root@controller swift]# head -c 32 /dev/random | base64
HjX6xmGz7Mn+Ae6tOadx+h35k75awW2cX+HnVN+z6jg=
[root@controller swift]# head -c 32 /dev/random | base64
Gy/m/nyF1atBEt7Ye3OR+VaFUiE/22Z7fRd4LPxxx+c=
```

```
# vi /etc/swift/swift.conf
```

在[swift-hash]部分，将上面生成的哈希串，分别设置到 swift_hash_path_suffix 和 swift_hash_path_prefix 里：

```
[swift-hash]

swift_hash_path_suffix = HASH_PATH_SUFFIX
swift_hash_path_prefix = HASH_PATH_PREFIX
```

其中，HASH_PATH_SUFFIX 和 HASH_PATH_PREFIX 为刚刚生成的哈希串。

在[storage-policy:0]部分，配置默认存储策略：

```
[storage-policy:0]

name = Policy-0
default = yes
```

（4）复制 swift.conf 文件到每个存储节点的/etc/swift 目录。

```
# scp swift.conf 192.168.200.101:/etc/swift
```

在所有节点确保对配置目录拥有适当的所有权：

```
# chown -R root:swift /etc/swift
```

（5）在控制节点上启动对象存储代理服务及其依赖服务，并配置开机启动。

```
# systemctl enable openstack-swift-proxy.service memcached.service
# systemctl start openstack-swift-proxy.service memcached.service
```

（6）在所有的存储节点上启动对象存储服务，并将其设置为开机启动。

```
# systemctl enable openstack-swift-account.service openstack-swift-account-auditor.service openstack-swift-account-reaper.service openstack-swift-account-replicator.service
# systemctl start openstack-swift-account.service openstack-swift-account-auditor.service openstack-swift-account-reaper.service openstack-swift-account-replicator.service
# systemctl enable openstack-swift-container.service openstack-swift-container-auditor.service openstack-swift-container-replicator.service openstack-swift-container-updater.service
# systemctl start openstack-swift-container.service openstack-swift-container-auditor.service openstack-
```

swift-container-replicator.service openstack-swift-container-updater.service

systemctl enable openstack-swift-object.service openstack-swift-object-auditor.service openstack-swift-object-replicator.service openstack-swift-object-updater.service

systemctl start openstack-swift-object.service openstack-swift-object-auditor.service openstack-swift-object-replicator.service openstack-swift-object-updater.service

9.6 校验安装

在控制节点进行如下操作。

如果使用 Redhat 7 或者 CentOS 7，则需要在存储节点上执行以下操作，否则会有 SELinux 限制。

```
# ll -dZ /srv/node
```

可见屏幕回显“drwxr-xr-x. swift swift unconfined_u:object_r:var_t:s0 /srv/node”。

```
# chcon -R system_u:object_r:swift_data_t:s0 /srv/node
```

1. 生效 admin 用户环境变量

```
# . /root/admin-openrc
```

2. 查看服务状态

```
# swift stat -v
```

```
[root@controller swift]# . /root/admin-openrc
[root@controller swift]# swift stat
        Account: AUTH_1ac8bf3783e641e7b20f81b6e0f02dc1
     Containers: 0
        Objects: 0
          Bytes: 0
X-Put-Timestamp: 1481660158.76364
    X-Timestamp: 1481660158.76364
     X-Trans-Id: tx248ee347ffdd407784d5c-00585056fd
   Content-Type: text/plain; charset=utf-8
[root@controller swift]#
```

3. 创建名为 container1 的容器

```
# openstack container create container1
```

```
[root@controller swift]# openstack container create container1
+---------------------------------------+------------+-----------------------------------------+
| account                               | container  | x-trans-id                              |
+---------------------------------------+------------+-----------------------------------------+
| AUTH_1ac8bf3783e641e7b20f81b6e0f02dc1 | container1 | tx55f9444385ef443198e51-005850584c |
+---------------------------------------+------------+-----------------------------------------+
[root@controller swift]#
```

4. 上传一个测试文件（名为 image）到 container1 容器

```
# swift upload demo cirros-0.5.1-x86_64-disk.img --object-name image
```

```
[root@controller swift]# openstack object create container1 FILE
+--------+------------+----------------------------------+
| object | container  | etag                             |
+--------+------------+----------------------------------+
| FILE   | container1 | 4a64b2c810525316062f95747e3cdfa2 |
+--------+------------+----------------------------------+
[root@controller swift]#
```

5. 列出 container1 容器里的所有文件

```
# openstack object list container1
```

```
[root@controller swift]# openstack object list container1
+-------+
| Name  |
+-------+
| FILE  |
+-------+
```

6. 从 container1 容器里下载一个文件（image）

```
# openstack object save container1 image
```

至此，OpenStack 对象存储服务组件 Swift 安装完毕。

拓展考核

1．OpenStack 的对象存储服务组件是（　　）。

A．MySQL　　B．Swift　　C．Cinder　　D．Glance

2．对象存储服务使用的数据库为（　　）。

A．SQL Server　　B．MySQL　　C．Oracle　　D．SQLite

3．对于对象存储服务，（　　）不适合用它存储。

A．在线文档　　B．镜像　　C．存档备份　　D．图片

4．Swift 并不是文件系统或者实时的数据存储系统，它是___________。

5．Swift 使用的存储设备文件系统格式为___________。

6．怎样查看 Swift 服务存储状态？

7．如何校验 container.builder？

第10章 块存储服务 Cinder

学习目标

知识目标

- 了解块存储的概念
- 理解 Cinder 服务
- 理解 Cinder 架构

技能目标

- 掌握 Cinder 的安装与配置
- 掌握 Cinder 的日常运维

素质目标

- 注重职业精神
- 厚植职业理念
- 践行理实一体
- 培养创新能力

项目引导

小杨开启了一台云主机，开始尝试进行环境的配置。

在导入一个项目时，小杨发现磁盘剩余空间不足，如果是在机房，他通常会选择添加硬盘，于是他开始寻找在 OpenStack 中具有相同功能的服务，他找到了 Cinder 服务。

此服务可直接添加单块硬盘，扩充云主机硬盘大小。

相关知识

10.1 Cinder 基本概念

Cinder 从 OpenStack 的 Folsom 版本（于 2012 年 9 月发布）开始出现，用于替代 Nova-volume 服务，Cinder 为 OpenStack 提供了管理卷（Volume）的基础设施。

按 OpenStack 官方文档的表述，Cinder 是受请求得到、自助化访问的块储存服务，即 Cinder 有两个显著的特点：第一，必须由用户提出请求，才能得到该服务；第二，是用户可以自定义的半自动化服务。Cinder 实现 LVM（逻辑卷管理），用于呈现存储资源给能够被 Nova 调用的端用户。简而言之，Cinder 虚拟化块存储设备池，提供端用户自助服务的 API 用于用户请求和使用这些块资源，并且不用了解存储的位置或设备信息。

OpenStack 块存储服务（Cinder）为虚拟机添加持久的存储。块存储提供一个基础设施用于管理卷，以及与 OpenStack 计算服务交互，为云主机提供卷。该服务也会激活管理卷的快照和卷类型的功能。

Cinder 架构如图 10-1 所示。

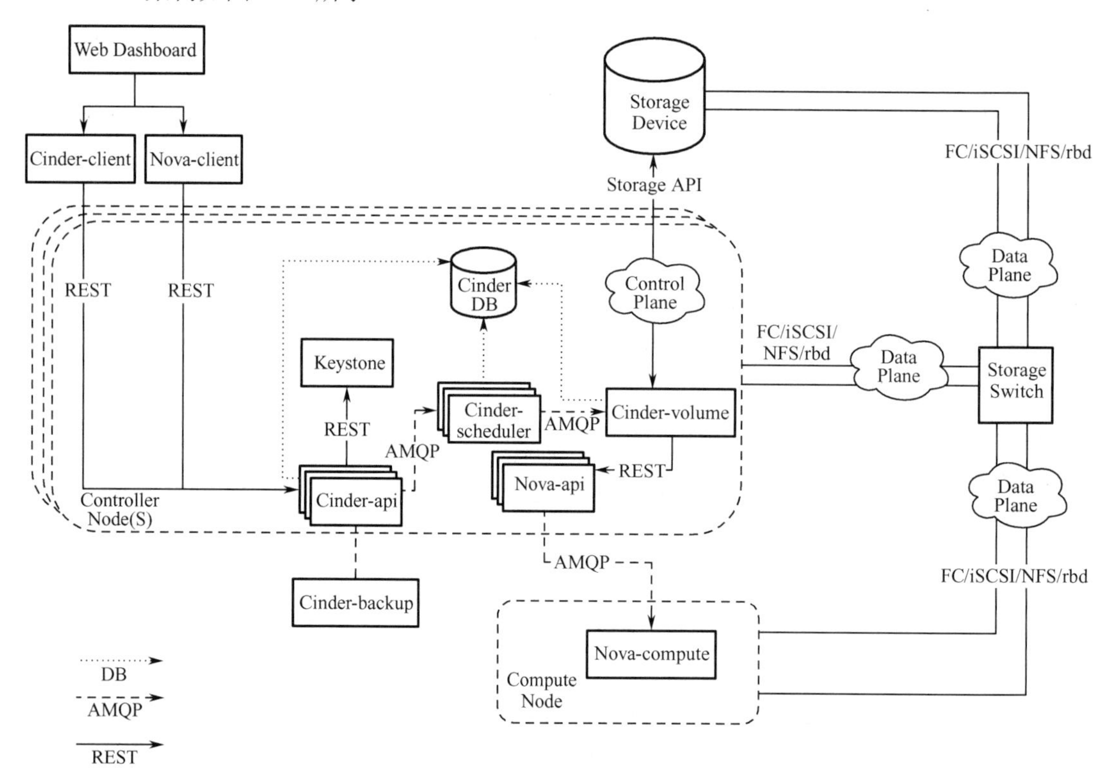

图 10-1　Cinder 架构

块存储服务通常包含下列组件。

- Cinder-api：接收 API 请求，然后将其路由到 Cinder-volume 执行。
- Cinder-volume：直接与块存储的服务及诸如 Cinder-scheduler 这样的流程交互，它和这些流程交互是通过消息队列实现的。Cinder-volume 服务响应那些发送到块存储服务的读/写请求以维护状态，它可以与多个存储供应商通过 Driver 架构进行交互。

- Cinder-scheduler：守护进程选择最佳的存储节点来创建卷，和它类似的组件是 Nova-scheduler。
- 消息队列：在块存储的进程之间路由信息。

Cinder iSCSI 实现原理详解如下。

Internet 小型计算机系统接口（iSCSI）是一种基于 TCP/IP 的协议，用来建立和管理 IP 存储设备、主机和客户端等之间的相互连接，并创建存储区域网络（SAN）。SAN 使得 SCSI 协议应用于高速数据传输网络成为可能，这种传输以数据块级别（Block-level）在多个数据存储网络间进行。

Swift 和 Cinder 的比较如下。

（1）Swift 是 Object Storage（对象存储），将 Object（可以理解为文件）存储到 Bucket（可以理解为文件夹）里，可以用 Swift 创建 Container，然后上传文件，如视频、照片，这些文件会被复制到不同服务器上以保证可靠性，Swift 可以不依靠虚拟机工作。所谓的云存储，OpenStack 就是用 Swift 实现的，类似于 Amazon AWS S3（Simple Storage Service）。

（2）Cinder 是 Block Storage（块存储），可以把 Cinder 作为优盘管理程序来理解。可以用 Cinder 创建 Volume，然后将它接到（Attach）虚拟机上去，这个 Volume 就像虚拟机的一个存储分区一样工作。如果把这个虚拟机终止了，这个 Volume 和里面的数据依然还在，还可以把它接到其他虚拟机上继续使用里面的数据。Cinder 创建的 Volume 必须被接到虚拟机上才能工作，类似于 Amazon AWS EBS（Elastic Block Storage）。

项目实施

10.2　安装并配置控制节点

10.2.1　数据库配置

登录 MySQL 数据库：

```
# mysql -uroot -p000000
```

创建 Cinder 数据库：

```
MariaDB [(none)]> CREATE DATABASE cinder;
```

设置授权用户和密码：

```
MariaDB [(none)]> GRANT ALL PRIVILEGES ON cinder.* TO 'cinder'@'localhost' IDENTIFIED BY '000000';
MariaDB [(none)]>GRANT ALL PRIVILEGES ON cinder.* TO 'cinder'@'%' IDENTIFIED BY '000000';
MariaDB [(none)]> exit
```

10.2.2 创建服务凭证和 API 端点

1. 生效 admin 用户环境变量

```
# . admin-openrc
```

2. 创建服务凭证

创建名为 cinder 的 user：

```
# openstack user create --domain default --password-prompt cinder
```

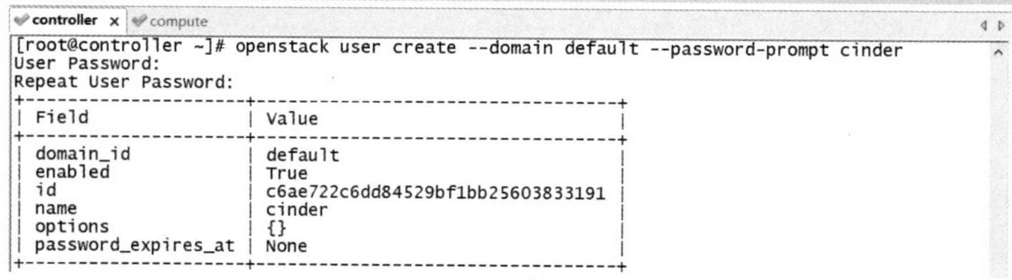

```
[root@controller ~]# openstack user create --domain default --password-prompt cinder
User Password:
Repeat User Password:
+---------------------+----------------------------------+
| Field               | Value                            |
+---------------------+----------------------------------+
| domain_id           | default                          |
| enabled             | True                             |
| id                  | c6ae722c6dd84529bf1bb25603833191 |
| name                | cinder                           |
| options             | {}                               |
| password_expires_at | None                             |
+---------------------+----------------------------------+
```

进行关联：

```
# openstack role add --project service --user cinder admin
```

创建 Cinder 服务实体认证 cinderv2 和 cinderv3：

```
# openstack service create --name cinderv2 --description "OpenStack Block Storage" volumev2
# openstack service create --name cinderv3 --description "OpenStack Block Storage" volumev3
```

```
[root@controller ~]# openstack service create --name cinderv2 --description "OpenStack Block
 Storage" volumev2
+-------------+----------------------------------+
| Field       | Value                            |
+-------------+----------------------------------+
| description | OpenStack Block Storage          |
| enabled     | True                             |
| id          | 246acfc388f64a09bcd88074afbdb480 |
| name        | cinderv2                         |
| type        | volumev2                         |
+-------------+----------------------------------+
[root@controller ~]# openstack service create --name cinderv3 --description "OpenStack Block
 Storage" volumev3
+-------------+----------------------------------+
| Field       | Value                            |
+-------------+----------------------------------+
| description | OpenStack Block Storage          |
| enabled     | True                             |
| id          | 6b052e9fff544e7e9ca7131a99992728 |
| name        | cinderv3                         |
| type        | volumev3                         |
+-------------+----------------------------------+
```

注：Cinder 服务创建了两个 Service，分别是 volumev2 和 volumev3。

3. 创建 API 端点

创建公共端点：

```
# openstack endpoint create --region RegionOne volumev2 public http://controller:8776/v2/%\(project_id\)s
# openstack endpoint create --region RegionOne volumev3 public http://controller:8776/v3/%\(project_id\)s
```

创建外部端点：

```
# openstack endpoint create --region RegionOne volumev2 internal http://controller:8776/v2/%\(project_id\)s
# openstack endpoint create --region RegionOne volumev3 internal http://controller:8776/v3/%\(project_id\)s
```

创建管理端点：

```
# openstack endpoint create --region RegionOne volumev2 admin http://controller:8776/v2/%\ (project_id\)s
# openstack endpoint create --region RegionOne volumev3 admin http://controller:8776/v3/%\ (project_id\)s
```

```
controller  x   compute
[root@controller ~]# openstack endpoint create --region RegionOne volumev2 public http://con
troller:8776/v2/%\(project_id\)s
+--------------+------------------------------------------+
| Field        | Value                                    |
+--------------+------------------------------------------+
| enabled      | True                                     |
| id           | 0da1a86dd98c4cbbbbc1b3e3d1c9d1ce         |
| interface    | public                                   |
| region       | RegionOne                                |
| region_id    | RegionOne                                |
| service_id   | 246acfc388f64a09bcd88074afbdb480         |
| service_name | cinderv2                                 |
| service_type | volumev2                                 |
| url          | http://controller:8776/v2/%(project_id)s |
+--------------+------------------------------------------+
```

```
controller  x   compute
[root@controller ~]# openstack endpoint create --region RegionOne volumev3 public http://con
troller:8776/v3/%\(project_id\)s
+--------------+------------------------------------------+
| Field        | Value                                    |
+--------------+------------------------------------------+
| enabled      | True                                     |
| id           | de9ed0f9e3ec4f58903797bf382e589e         |
| interface    | public                                   |
| region       | RegionOne                                |
| region_id    | RegionOne                                |
| service_id   | 6b052e9fff544e7e9ca7131a99992728         |
| service_name | cinderv3                                 |
| service_type | volumev3                                 |
| url          | http://controller:8776/v3/%(project_id)s |
+--------------+------------------------------------------+
[root@controller ~]# openstack endpoint create --region RegionOne volumev2 internal http://c
ontroller:8776/v2/%\(project_id\)s
+--------------+------------------------------------------+
| Field        | Value                                    |
+--------------+------------------------------------------+
| enabled      | True                                     |
| id           | 2cc4439e487645b98364d40d51198f9b         |
| interface    | internal                                 |
| region       | RegionOne                                |
| region_id    | RegionOne                                |
| service_id   | 246acfc388f64a09bcd88074afbdb480         |
| service_name | cinderv2                                 |
| service_type | volumev2                                 |
| url          | http://controller:8776/v2/%(project_id)s |
+--------------+------------------------------------------+
```

```
controller  x   compute
[root@controller ~]# openstack endpoint create --region RegionOne volumev3 internal http://c
ontroller:8776/v3/%\(project_id\)s
+--------------+------------------------------------------+
| Field        | Value                                    |
+--------------+------------------------------------------+
| enabled      | True                                     |
| id           | 3c4e997522eb41c0a763983dc3ec62b2         |
| interface    | internal                                 |
| region       | RegionOne                                |
| region_id    | RegionOne                                |
| service_id   | 6b052e9fff544e7e9ca7131a99992728         |
| service_name | cinderv3                                 |
| service_type | volumev3                                 |
| url          | http://controller:8776/v3/%(project_id)s |
+--------------+------------------------------------------+
[root@controller ~]# openstack endpoint create --region RegionOne volumev2 admin http://cont
roller:8776/v2/%\(project_id\)s
+--------------+------------------------------------------+
| Field        | Value                                    |
+--------------+------------------------------------------+
| enabled      | True                                     |
| id           | 9949d9b252ba427c826cd8923b5b8c53         |
| interface    | admin                                    |
| region       | RegionOne                                |
| region_id    | RegionOne                                |
| service_id   | 246acfc388f64a09bcd88074afbdb480         |
| service_name | cinderv2                                 |
| service_type | volumev2                                 |
| url          | http://controller:8776/v2/%(project_id)s |
+--------------+------------------------------------------+
```

```
controller  x   compute
[root@controller ~]# openstack endpoint create --region RegionOne volumev3 admin http://cont
roller:8776/v3/%\(project_id\)s
+--------------+------------------------------------------+
| Field        | Value                                    |
+--------------+------------------------------------------+
| enabled      | True                                     |
| id           | aa4054b104c1469b81f4e74c7f89bd30         |
| interface    | admin                                    |
| region       | RegionOne                                |
| region_id    | RegionOne                                |
| service_id   | 6b052e9fff544e7e9ca7131a99992728         |
| service_name | cinderv3                                 |
| service_type | volumev3                                 |
| url          | http://controller:8776/v3/%(project_id)s |
+--------------+------------------------------------------+
```

10.2.3 安装并配置 Cinder 组件

1. 安装 Cinder 组件所需软件包

```
# yum install openstack-cinder -y
```

2. 配置 Cinder 所需组件

编辑/etc/cinder/cinder.conf 文件。

编辑[database]部分，配置数据库链接：

```
[database]
connection = mysql+pymysql://cinder:000000@controller/cinder
```

编辑[DEFAULT]部分，配置 RabbitMQ 消息服务器链接：

```
[DEFAULT]
transport_url = rabbit://openstack:000000@controller
```

编辑[DEFAULT]和[keystone_authtoken]部分，配置 Keystone 身份认证：

```
[DEFAULT]
auth_strategy = keystone

[keystone_authtoken]
www_authenticate_uri = http://controller:5000
auth_url = http://controller:5000
memcached_servers = controller:11211
auth_type = password
project_domain_name = default
user_domain_name = default
project_name = service
username = cinder
password = 000000
```

编辑[DEFAULT]部分，配置控制节点管理 IP 地址：

```
[DEFAULT]
my_ip = 192.168.200.100
```

编辑[oslo_concurrency]部分，配置 lock_path：

```
[oslo_concurrency]
lock_path = /var/lib/cinder/tmp
```

3. 同步数据库

```
# su -s /bin/sh -c "cinder-manage db sync" cinder
```

注：进入 Cinder 数据库查看是否有数据表，验证是否同步成功。

4. 配置 Nova 服务使用 Cinder

编辑/etc/nova/nova.conf 文件。

编辑[cinder]部分，配置使用：

```
[cinder]
os_region_name = RegionOne
```

5. 启动 Cinder 服务并设置开机自启动

```
# systemctl restart openstack-nova-api.service
# systemctl enable openstack-cinder-api.service openstack-cinder-scheduler.service
# systemctl start openstack-cinder-api.service openstack-cinder-scheduler.service
```

10.3　安装并配置存储节点

为简单起见，这里的配置将使用计算节点，包含一个空本地块存储设备/dev/sdf。

10.3.1　安装工具包

1. 安装并启动

```
# yum install lvm2 device-mapper-persistent-data
```

启动 lvm2 并设置开机自启动：

```
# systemctl enable lvm2-lvmetad.service
# systemctl start lvm2-lvmetad.service
```

2. 创建物理卷/dev/sdb

```
# pvcreate /dev/sdb
```

```
[root@compute ~]#  pvcreate /dev/sdb
  Physical volume "/dev/sdb" successfully created
```

3. 创建卷组 cinder-volumes

```
# vgcreate cinder-volumes /dev/sdb
```

```
[root@compute ~]# vgcreate cinder-volumes /dev/sdb
  Volume group "cinder-volumes" successfully created
```

注：创建之前检查是否挂载有空硬盘。

```
# fdisk -l
```

```
Disk /dev/sdb: 10.7 GB, 10737418240 bytes, 20971520 sectors
Units = sectors of 1 * 512 = 512 bytes
Sector size (logical/physical): 512 bytes / 512 bytes
I/O size (minimum/optimal): 512 bytes / 512 bytes
```

4. 配置 lvm2 组件

编辑/etc/lvm/lvm.conf 文件，配置过滤器。

编辑# Configuration section devices 部分。

添加：

```
filter = [ "a/sdb/", "r/.*/"]
```

注：以实际硬盘名称为准。

10.3.2 安装并配置组件

1. 安装 Cinder 组件所需软件包

```
# yum install openstack-cinder targetcli python-keystone -y
```

2. 配置 Cinder 所需组件

编辑/etc/cinder/cinder.conf 文件。

编辑[database]部分，配置数据库链接：

```
[database]
connection = mysql+pymysql://cinder:000000@controller/cinder
```

编辑[DEFAULT]部分，配置 RabbitMQ 消息服务器链接：

```
[DEFAULT]
transport_url = rabbit://openstack:000000@controller
```

编辑[DEFAULT]和[keystone_authtoken]部分，配置 Keystone 身份认证：

```
[DEFAULT]
auth_strategy = keystone

[keystone_authtoken]

www_authenticate_uri = http://controller:5000
auth_url = http://controller:5000
memcached_servers = controller:11211
auth_type = password
project_domain_name = default
user_domain_name = default
project_name = service
username = cinder
password = 000000
```

编辑[DEFAULT]部分，配置存储节点管理 IP 地址：

```
[DEFAULT]
my_ip = 192.168.200.101
```

编辑[lvm]部分，配置 lvm 后端，以及基于 TCP/IP 协议的接口（iSCSI）和相对应的服务：

```
[lvm]
volume_driver = cinder.volume.drivers.lvm.LVMVolumeDriver
volume_group = cinder-volumes
target_protocol = iscsi
target_helper = lioadm
```

注：如果在配置文件中未找到[lvm]部分，则需要自己添加。

编辑[DEFAULT]部分，启用 LVM 后端：

```
[DEFAULT]
enabled_backends = lvm
```

编辑[DEFAULT]部分，配置 Glance 服务 API：

```
[DEFAULT]
glance_api_servers = http://controller:9292
```

编辑[oslo_concurrency]部分，配置 lock_path：

```
[oslo_concurrency]
lock_path = /var/lib/cinder/tmp
```

3. 启动 Cinder 服务并设置开机自启动

```
# systemctl enable openstack-cinder-volume.service target.service
# systemctl start openstack-cinder-volume.service target.service
```

10.4　验证 Cinder 服务

在控制节点进行验证。

1. 生效 admin 用户环境变量

```
# . admin-openrc
```

2. 查看 Cinder 服务

```
# openstack volume service list
```

```
controller × compute
[root@controller ~]# openstack volume service list
+------------------+--------------+------+---------+-------+----------------------------+
| Binary           | Host         | Zone | Status  | State | Updated At                 |
+------------------+--------------+------+---------+-------+----------------------------+
| cinder-scheduler | controller   | nova | enabled | up    | 2021-06-11T09:49:47.000000 |
| cinder-volume    | compute@lvm  | nova | enabled | up    | 2021-06-11T09:49:42.000000 |
+------------------+--------------+------+---------+-------+----------------------------+
```

拓展考核

1．在 Cinder 架构中，负责接收 API 请求的服务是（　　）。

A．Cinder-api　　B．Cinder-volume

C．Cinder-scheduler　　D．Nova-scheduler

2．Cinder 组件的配置文件为（　　）。

A．/etc/cinder　　B．/etc/lvm

C．/etc/cinder/cinder.conf　　D．/etc/lvm/lvm.conf

3．Cinder 组件含有的服务个数为（　　）。

A．3　　B．4　　C．5　　D．6

4．在安装 Cinder 的过程中，同步数据库的命令为____________。

5．查看 Cinder 服务的命令为____________。

6．查看卷列表的命令为____________。

7．如何创建 Cinder 服务的公共端点？

第11章 Web服务Dashboard

学习目标

知识目标

- 了解Dashboard服务
- 了解云主机启动流程

技能目标

- 掌握Dashboard的安装与配置
- 掌握云主机的启动方式

素质目标

- 注重职业精神
- 厚植职业理念
- 践行理实一体
- 培养创新能力

项目引导

小杨完成了上述服务的搭建，仔细看看官方手册，发现已经可以开启一台云主机了。

在此之前，他打算按照官方的提示进行Web界面的搭建。在之后的维护中，要查看各个服务的状态、平台的资源，依靠命令、脚本当然可以，但是不够直观，安装好Web服务是最好的选择。

在安装好服务后，他准备启动一台云主机。

相关知识

11.1 Dashboard 基本概念

Dashboard（Horizon）是一个 Web 接口，可使云平台管理员及用户管理不同的 OpenStack 资源和服务。Dashboard 提供了一个模块化的、基于 Web 的图形化界面服务门户。用户可以通过浏览器使用这个 Web 图形化界面来访问、控制其计算、存储和网络资源，如启动云主机、分配 IP 地址、设置访问控制等。

项目实施

11.2 安装并配置 Dashboard

在控制节点上进行安装配置。

1. 安装 Dashboard 组件所需软件包

```
# yum install openstack-dashboard -y
```

2. 配置 Dashboard 组件

编辑/etc/openstack-dashboard/local_settings 文件。

对以下代码行进行修改。

配置控制节点使用 Dashboard：

```
OPENSTACK_HOST = "controller"
```

配置允许所有主机访问 Dashboard：

```
ALLOWED_HOSTS = ['*', ]
```

配置时区：

```
TIME_ZONE = "Asia/Shanghai"
```

配置 memcached 的会话存储服务：

```
SESSION_ENGINE = 'django.contrib.sessions.backends.cache'
CACHES = {
    'default': {
        'BACKEND': 'django.core.cache.backends.memcached.MemcachedCache',
        'LOCATION': 'controller:11211',
    }
}
```

启用身份验证：

```
OPENSTACK_KEYSTONE_URL = "http://%s:5000/v3" % OPENSTACK_HOST
```

启用域的支持：

```
OPENSTACK_KEYSTONE_MULTIDOMAIN_SUPPORT = True
```

配置 API 版本：

```
OPENSTACK_API_VERSIONS = {
    "identity": 3,
    "image": 2,
    "volume": 3,
}
```

配置域：

```
OPENSTACK_KEYSTONE_DEFAULT_DOMAIN = "Default"
```

配置用户：

```
OPENSTACK_KEYSTONE_DEFAULT_ROLE = "user"
```

确认/etc/httpd/conf.d/openstack-dashboard.conf 文件中有以下内容：

```
WSGIApplicationGroup %{GLOBAL}
```

3. 启动 Dashboard 服务并设置开机自启动

```
# systemctl restart httpd.service memcached.service
```

11.3 验证 Dashboard 服务

输入命令确保链接正确：

```
# sed -i -e "s/^webROOT.*/webROOT = '\/dashboard\/'/" /usr/share/openstack-dashboard/openstack_dashboard/defaults.py
# sed -i -e "s/^webROOT.*/webROOT = '\/dashboard\/'/" /usr/share/openstack-dashboard/openstack_dashboard/test/settings.py
```

在浏览器地址栏中输入 192.168.200.100/dashboard。

输入域：default。

用户名：admin。

密码：******（自定义的 admin 用户的密码）。

登录 Dashboard，如图 11-1 所示。

图 11-1　登录 Dashboard

成功登录界面如图 11-2 所示。

图 11-2　成功登录界面

基本概况如图 11-3 所示。

图 11-3　基本概况

11.4 利用 Dashboard 创建云主机

1. 创建网络

首先创建云主机所需要的网络。在 Dashboard 主页依次单击“管理员”→“网络”→“网络”进入 admin 项目中的网络概览页，可以看到目前在 admin 项目中是没有任何网络的，如

图 11-4 所示。

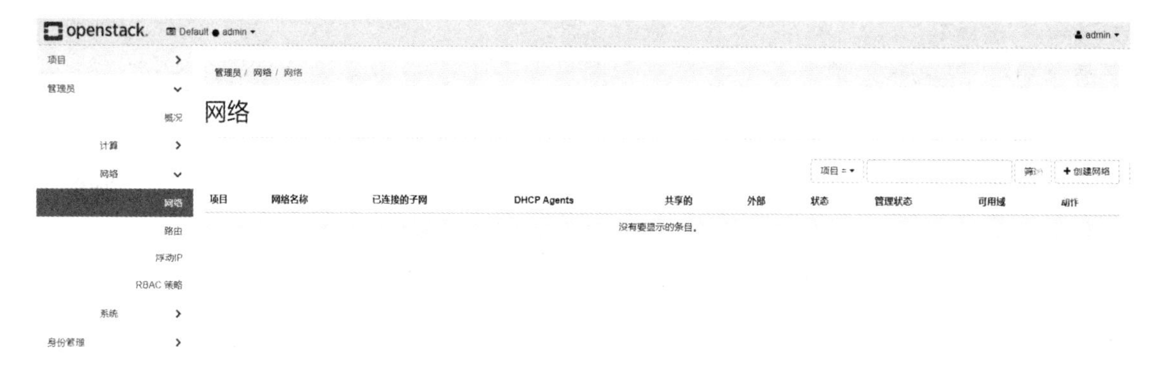

图 11-4　网络概览页

单击页面右上角的“创建网络”按钮，创建名为“ex-w”的网络，所属项目为“admin”，供应商网络选择“Flat”，物理网络填写之前在配置文件中写到过的“provider”。为了确保该网络能够正常工作并且被普通用户所使用，后面的复选框需全部选中，如图 11-5 所示。

图 11-5　创建网络

接下来创建该网络中的子网。创建名为“ex-w”的子网，网络地址填写“192.168.100.0/24”，IP 版本选择“IPv4”，网关 IP 填写实际的物理网络所使用的网关，如图 11-6 所示。

图 11-6　创建子网

在子网详情页，勾选“激活 DHCP”以开启该子网的 DHCP 功能，如图 11-7 所示。

图 11-7　激活 DHCP

2. 创建实例类型

现在创建云主机所需要的实例类型。在 Dashboard 主页依次单击“管理员”→“计算”→“实例类型”进入 admin 项目中的实例类型概览页，可以看到目前在 admin 项目中是没有任何实例类型的，如图 11-8 所示。

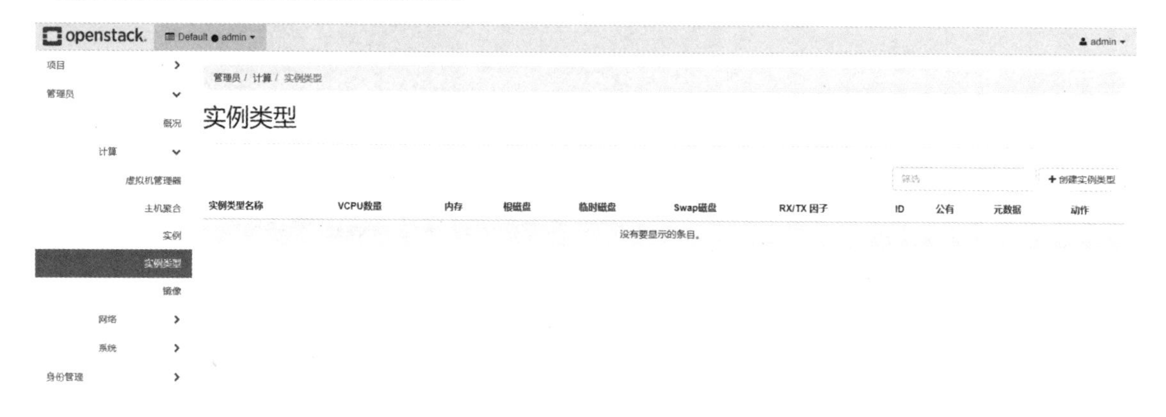

图 11-8　实例类型概览页

单击右上角的“创建实例类型”按钮，设置名称，ID 选择默认值，设置 VCPU 数量为“6”，设置内存为“3500MB”，设置根磁盘为“16GB”，其余的配置均为默认值，设置完成后单击右下角的“创建实例类型”按钮，如图 11-9 所示。

创建实例类型

实例类型信息 *　实例类型使用权

名称 *
实例类型

实例类型定义了RAM和磁盘的大小、CPU数，以及其他资源，用户在部署实例的时候可选用。

ID
auto

VCPU数量 *
6

内存 (MB) *
3500

根磁盘(GB) *
16

临时磁盘(GB)
0

Swap磁盘(MB)
0

RX/TX 因子
1

取消　创建实例类型

图 11-9　创建实例类型

3. 上传镜像

现在上传云主机所需要的镜像。在 Dashboard 主页依次单击“管理员”→“计算”→“镜像”进入 admin 项目中的镜像概览页，可以看到目前在 admin 项目中是没有任何镜像的，如图 11-10 所示。

图 11-10　镜像概览页

单击右上角的“创建镜像”按钮开始上传镜像，设置镜像名称和镜像描述（可省略）；镜像源是自己下载在主机上的镜像文件，单击“浏览”按钮找到并选择它；镜像格式选择与自己镜像源选择的镜像相同的格式（本次笔者选择的镜像源文件是 qcow2 格式，所以镜像格式选择 QCOW2，可根据自己情况选择）；镜像共享可见性选择“共享的”，受保护的选择“不”；其余配置均为默认值。配置完成后单击右下角的“创建镜像”按钮。如图 11-11 所示。

图 11-11　上传镜像

4. 创建云主机

目前，所有的基础配置已经完成，现在开始创建云主机。在 Dashboard 主页依次单击“项目”→“计算”→“实例”进入 admin 项目中的实例概览页，可以看到目前在 admin 项目中是没有任何实例的，如图 11-12 所示。

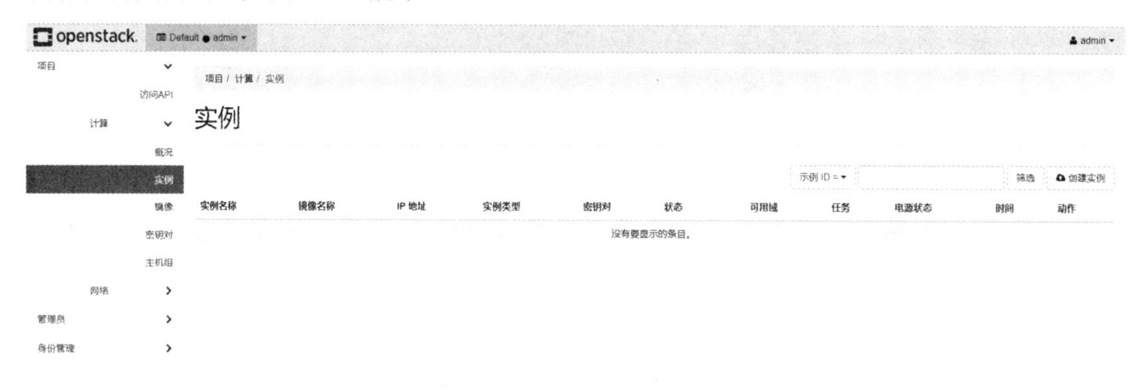

图 11-12　实例概览页

单击右上角的“创建实例”按钮开始创建云主机，设置实例名称为“centos7.5”，可用域选择“nova”，设置数量为“1”，设置完后单击右下角的“下一步”按钮，如图 11-13 所示。

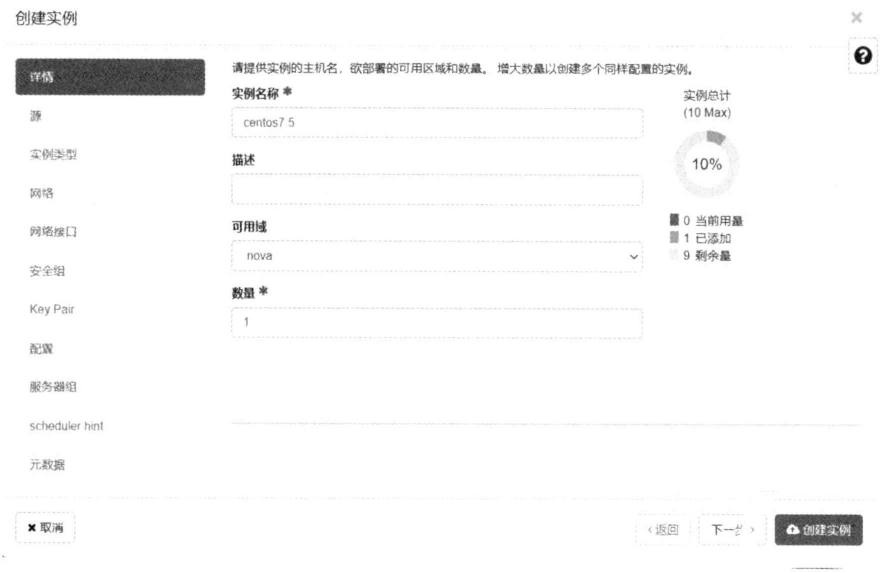

创建实例

详情
源
实例类型
网络
网络接口
安全组
Key Pair
配置
服务器组
scheduler hint
元数据

请提供实例的主机名，欲部署的可用区域和数量。增大数量以创建多个同样配置的实例。
实例名称 *
centos7.5
描述
可用域
nova
数量 *
1

实例总计
(10 Max)
10%
0 当前用量
1 已添加
9 剩余量

× 取消　‹ 返回　下一步 ›　创建实例

图 11-13　创建实例（1）

选择源选择“镜像”，创建新卷选择“不”，在可用配额里选择刚刚创建好的“centos7.5”镜像，单击右边的向上箭头按钮，全部配置好后单击“下一步”按钮，如图 11-14 所示。

图 11-14 创建实例（2）

实例类型中，在可用配额里选择刚刚创建的实例类型，单击右边的向上箭头按钮，全部配置好后单击“下一步”按钮，如图 11-15 所示。

图 11-15 创建实例（3）

现在选择网络，在可用配额里选择刚刚创建的网络“ex-w”，单击右边的向上箭头按钮，全部配置好后单击“创建实例”按钮（后面的配置可以都选择默认配置，有想深入了解的同学可以自行修改），如图 11-16 所示。

图 11-16　创建实例（4）

至此，云主机创建完成，如图 11-17 所示。

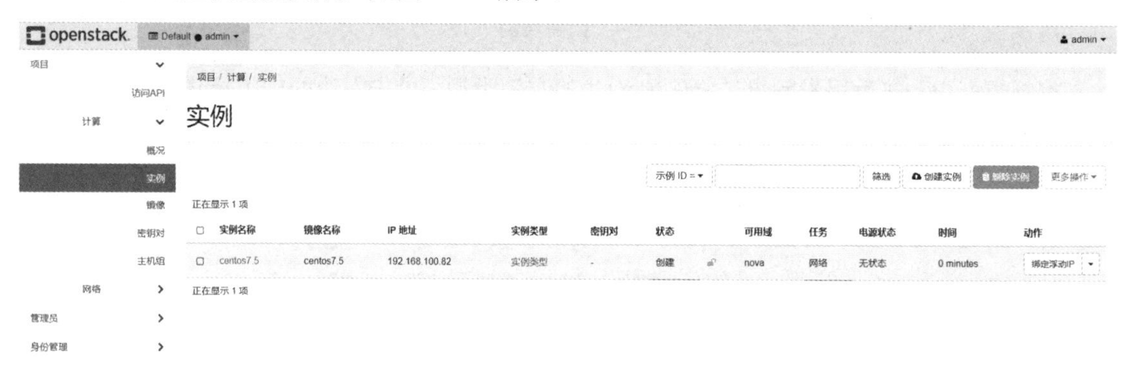

图 11-17　云主机

拓展考核

1．Dashboard（Horizon）是一个____________接口，可使云平台管理员及用户管理不同的____________资源和服务。

2．Horizon 提供了一个模块化的、基于 Web 的图形化界面服务门户，用户可以通过浏览器使用这个 Web 图形化界面来访问、控制其____________、____________和____________。

3．Web 界面创建云主机的步骤是什么？

第12章 OpenStack典型架构实现

学习目标

知识目标

- 了解 OpenStack 常用架构
- 了解 Ceph 概念

技能目标

- 掌握 OpenStack 常用架构的安装与配置
- 掌握 Ceph 的部署方式

素质目标

- 注重职业精神
- 厚植职业理念
- 践行理实一体
- 培养创新能力

项目引导

通过小杨不懈的努力，现在已经搭建了一个可以用于日常工作的 OpenStack 平台。虽然现阶段的平台能够完成日常的工作，但是还存在不少的问题：平台维护、平台可用性、平台可靠性……这些都需要通过其他的组件或者学习相关的脚本编写来解决。

此外，由于公司正在使用 Ceph 作为内部文件存储系统，因此小杨还需要将 OpenStack 平台和 Ceph 结合起来。

项目实施

12.1 OpenStack 架构及规划

本章将实现一种典型云平台架构，如图 12-1 所示。

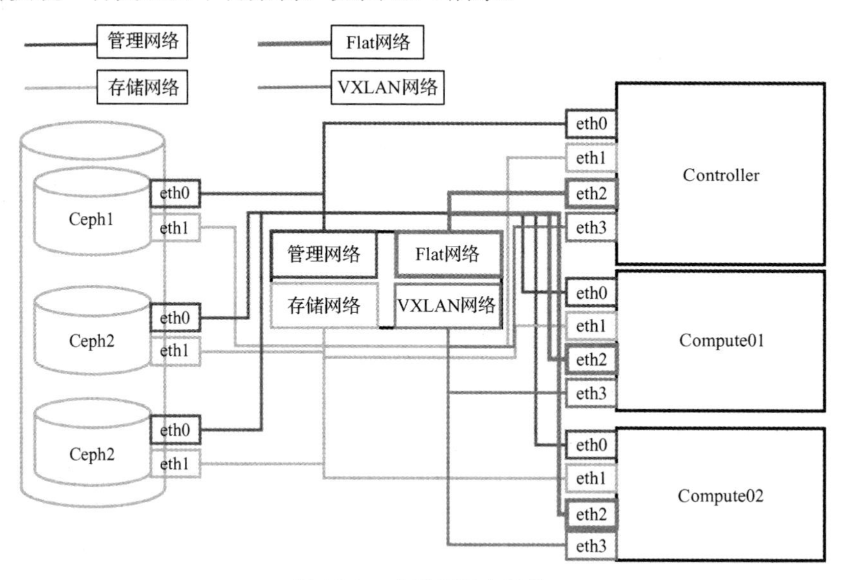

图 12-1　典型云平台架构

该架构采用 1+2+3 模式，即 1 个控制节点+2 个计算节点+3 个存储节点。存储为 Ceph 存储，设置副本数为 3，实现存储的高可用性；2 个计算节点实现虚拟机的迁移、备份；1 个控制节点主要部署 OpenStack 相关管理服务，实现整个平台的管理。存储服务器共有 2 个网络，计算节点和控制节点各有 4 个网卡。在该架构中，将管理网络、存储网络、Flat 网络、VXLAN 网络进行隔离，不同的流量走不同的网络，防止网络流量过大。这里要注意的是，OpenStack 如果选用 VLAN 网络，VLAN 网络的物理网卡所接的交换机接口需要配成 Trunk 模式。

整个架构由存储平台和 OpenStack 平台构成的信息规划如下。

Ceph 环境信息如表 12-1 所示。

表 12-1　Ceph 环境信息

Hostname	ens34（管理）	ens33（存储）	OS
Ceph1	ip:192.168.100.100 gt:192.168.100.2 prefix: 24	ip: 192.168.200.100 prefix: 24	CentOS 7.9
Ceph2	ip:192.168.100.101 gt:192.168.100.2 prefix: 24	ip: 192.168.200.101 prefix: 24	CentOS 7.9
Ceph3	ip:192.168.100.102 gt:192.168.100.2 prefix: 24	ip: 192.168.200.102 prefix: 24	CentOS 7.9

OpenStack 平台信息如表 12-2 所示。

表 12-2　OpenStack 平台信息

Hostname	ens34（管理）	ens33（存储）	ens38（Flat）	en（VXLAN）	OS
Controller	ip:192.168.100.103 gt:192.168.100.2 prefix: 24	ip: 192.168.200.103 prefix: 24	vlan_flat	Trunk	CentOS 7.9
Compute01	ip:192.168.100.104 gt:192.168.100.2 prefix: 24	ip: 192.168.200.104 prefix: 24	vlan_flat	Trunk	CentOS 7.9
Compute02	ip:192.168.100.105 gt:192.168.100.2 prefix: 24	ip: 192.168.200.105 prefix: 24	vlan_flat	Trunk	CentOS 7.9

12.2　环境准备

每个节点都需要，根据规划完成各个节点的环境准备工作。

1. 设置主机名

```
# hostnamectl set-hostname controller
```

2. 配置主机名映射

配置主机名映射，编辑/etc/hosts 文件并添加如下内容：

```
# vi /etc/hosts
192.168.200.100     controller
192.168.200.101     compute01
192.168.200.102     compute02
192.168.200.103     ceph1
192.168.200.104     ceph2
192.168.200.105     ceph3
```

3. 关闭防火墙

```
# systemctl stop firewalld
# systemctl disable firewalld
# sed -i 's/SELINUX=enforcing/SELINUX=disabled/g' /etc/selinux/config
# setenforce 0
```

4. 配置 yum 源

```
yum install wget -y
cd /etc/yum.repos.d/
rm -rf /etc/yum.repos.d/*
wget -O /etc/yum.repos.d/CentOS-Base.repo http://mirrors.aliyun.com/repo/Centos-7.repo
wget -O /etc/yum.repos.d/epel.repo http://mirrors.aliyun.com/repo/epel-7.repo
yum -y install yum-plugin-priorities.noarch
# vim /etc/yum.repos.d/ceph.repo
```

```
[ceph]
name=Ceph packages for
baseurl=https://mirrors.aliyun.com/ceph/rpm-mimic/el7/$basearch
enabled=1
gpgcheck=1
type=rpm-md
gpgkey=https://mirrors.aliyun.com/ceph/keys/release.asc
priority=1
[ceph-noarch]
name=Ceph noarch packages
baseurl=https://mirrors.aliyun.com/ceph/rpm-mimic/el7/noarch/
enabled=1
gpgcheck=1
type=rpm-md
gpgkey=https://mirrors.aliyun.com/ceph/keys/release.asc
priority=1
[ceph-source]
name=Ceph source packages
baseurl=https://mirrors.aliyun.com/ceph/rpm-mimic/el7/SRPMS/
enabled=1
gpgcheck=1
type=rpm-md
gpgkey=https://mirrors.aliyun.com/ceph/keys/release.asc
priority=1
# yum clean all && yum makecache
```

5. 时间同步

```
# yum install ntp ntpdate ntp-doc -y
```

将系统时区改为上海时间：

```
# ln -sf /usr/share/zoneinfo/Asia/Shanghai /etc/localtime
```

在 Controller 节点编辑/etc/ntp.conf 文件。
添加以下内容：

```
# restrict 192.168.128.0 mask 255.255.255.0 nomodify notrap
  server 127.127.1.0 iburst
  fudge 127.127.1.0 stratum 10
```

在其他节点编辑/etc/ntp.conf 文件：

```
server ceph-deploy iburst
```

启动 ntp 服务并设置开机自启动：

```
# systemctl enable ntpd
# systemctl restart ntpd
# watch ntpq -p
```

这一步是为了查看状态，直到显示第二次的结果即成功。

其他节点同步时间参考前文 ntp 服务准备工作。只需要执行 ntpdate controller。

6. 设置 limits

```
# vi /etc/security/limits.conf
# *   soft       nofile   65535
# *   hard       nofile   65535
```

7. 关闭 UseDNS# sysctl -p

```
# vi /etc/ssh/sshd_config
  UseDNS no
```

8. 创建节点之间免密交互

```
# ssh-keygen
# ssh-copy-id controller
# ssh-copy-id compute01
# ssh-copy-id compute02
# ssh-copy-id ceph1
# ssh-copy-id ceph2
# ssh-copy-id ceph3
```

12.3 Ceph 集群部署及配置

这里选择 Ceph 作为 OpenStack 的云存储，将云平台的镜像、虚拟机等数据存入 Ceph 中。

12.3.1 Ceph 的相关知识

Ceph：一个 Linux PB 级分布式文件系统。

Linux 持续不断进军可扩展计算空间，特别是可扩展存储空间。Ceph 最近才加入 Linux 中令人印象深刻的文件系统备选行列。它是一个分布式文件系统，能够在维护 POSIX 兼容性的同时加入复制和容错功能。下面我们来探索 Ceph 的架构，学习它如何提供容错功能、简化海量数据管理。

Ceph 最初是一项关于存储系统的 PhD 研究项目，由 Sage Weil 在 University of California，Santa Cruz（UCSC）实施。但是到了 2010 年 3 月底，可以在主线 Linux 内核（从 2.6.34 版开始）中找到 Ceph 的身影。虽然 Ceph 可能还不适用于生产环境，但它对测试目的还是非常有用的。下面探讨 Ceph 文件系统及其独有的功能，这些功能让它成为可扩展分布式存储的最有吸引力的备选。

12.3.2 Ceph 目标

开发一个分布式文件系统需要多方努力，但是如果能准确地解决问题，它就是无价的。Ceph 的目标简单地定义为：

- 可轻松扩展到数 PB 容量；
- 对多种工作负载的高性能［每秒输入/输出操作（IOPS）和带宽］；

● 高可靠性。

不幸的是，这些目标之间会相互竞争（例如，可扩展性会降低或者抑制性能，或者影响可靠性）。Ceph 开发了一些非常有趣的概念（例如，动态元数据分区、数据分布和复制），对这些概念在这里只进行简单的探讨。Ceph 的设计还包括保护单一点故障的容错功能，它假设大规模（PB 级）存储故障是常见现象而不是例外情况。最后，它的设计并没有假设某种特殊工作负载，但是包括适应变化的工作负载，提供最佳性能的能力。它利用 POSIX 的兼容性完成所有这些任务，允许它对当前依赖 POSIX 语义（通过以 Ceph 为目标的改进）的应用进行透明的部署。最后，Ceph 是开源分布式存储，也是主线 Linux 内核（2.6.34 版）的一部分。

12.3.3 Ceph 架构

下面探讨 Ceph 的架构及高端的核心要素，然后拓展到另一层次，说明 Ceph 中一些关键的方面，进行更详细的探讨。

Ceph 在一个统一的系统中独特地提供对象、块和文件存储。Ceph 高度可靠、易于管理且免费。Ceph 的强大功能可以改变公司的 IT 基础架构和管理大量数据的能力。Ceph 提供了非凡的可扩展性——数以千计的客户端访问，可同时访问 PB 级到 EB 级的数据。Ceph 存储集群容纳大量节点，其节点利用商用硬件和智能守护程序，使这些节点可以相互通信，最终达成动态复制和重新分配数据的效果。

如图 12-2 所示，在 RADOS 集群之上，Ceph 构建了块存储、文件存储和对象存储等存储形态。由于 RADOS 集群本身是以对象为粒度进行数据存储的，因此上述三种存储形态在最终存储数据的时候都划分为对象。

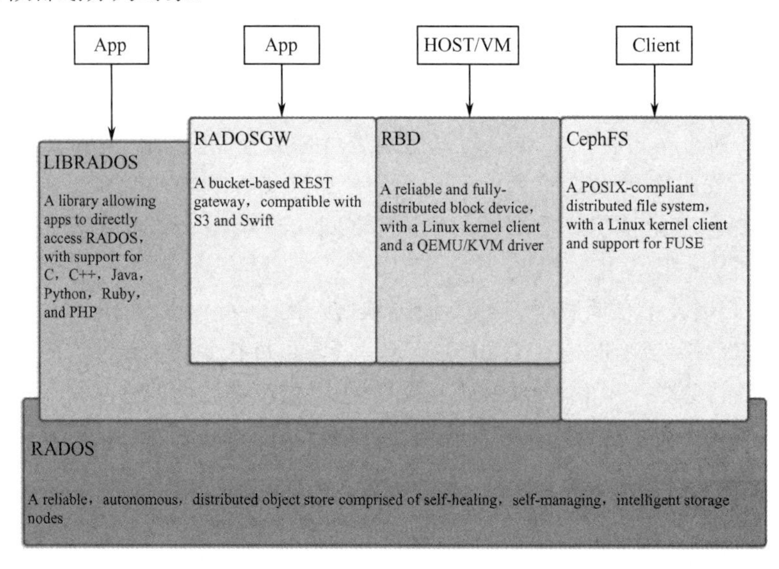

图 12-2 Ceph 生态系统的概念架构

同时，Ceph 集群为客户端提供了丰富的访问形式，例如，对于块存储可以通过动态库或者块设备的方式访问。所谓动态库，就是 Ceph 提供了一个 API，用户通过该 API 可以访问块存储系统。例如，用于虚拟化常见的 Qemu 对 Ceph 的访问就是通过动态库（librbd）的方式访问的。

如图 12-3 所示，一个 Ceph 存储集群由多种类型的守护进程组成。

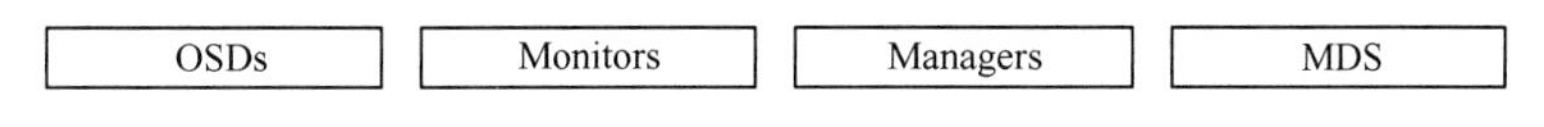

图 12-3 Ceph 存储集群组件

（1）Ceph Monitor：该组件是维护集群映射的主副本。Ceph 监视器集群可确保监视器守护程序发生故障时的高可用性。存储集群客户端会从 Ceph Monitor 检索集群映射的副本。

（2）Ceph OSD Daemon：该组件守护进程，会检查自己的状态和其他 OSD 的状态，然后向监视器报告。

（3）Ceph Manager：该组件充当监控、编排和插件模块的端点。

（4）Ceph Metadata Server（MDS）：该组件在 CephFS 提供文件服务时，管理文件元数据。

12.3.4 Ceph 组件

在了解了 Ceph 的概念架构之后，便可以延伸到另一个层次，了解在 Ceph 中实现的主要组件。Ceph 和传统的文件系统之间的重要差异之一是，它将智能都用在了生态环境而不是文件系统本身。

图 12-4 显示了一个简单的 Ceph 生态系统。Ceph Client 是 Ceph 文件系统的用户，Ceph Metadata Daemon 提供元数据服务器，而 Ceph Object Storage Daemon 提供实际存储（对数据和元数据两者）。最后，Ceph Monitor 提供了集群管理。要注意的是，Ceph 客户、对象存储端点、元数据服务器（根据文件系统的容量）可以有许多，而且至少有一对冗余的监视器。

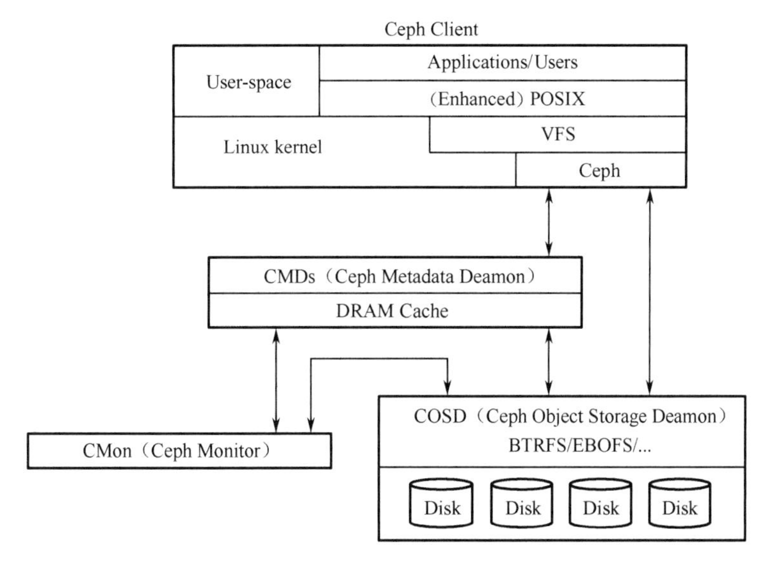

图 12-4 简单的 Ceph 生态系统

对于 Ceph 架构和 Ceph 生态系统所提到的核心组件，这里再次予以展开介绍。

1. Ceph 文件系统

Ceph 文件系统或 CephFS 是一个符合 POSIX 标准的文件系统，构建在 Ceph 的分布式对象存储 RADOS 之上。CephFS 致力于为各种应用程序（包括共享主目录、HPC 暂存空间和分布式工作流共享存储等传统用例）提供最先进的、多用途、高可用性和高性能的文件存储。

CephFS 通过使用一些新颖的架构选择来实现这些目标。值得注意的是，文件元数据与文件数据存储在单独的 RADOS 池中，并通过可调整大小的元数据服务器集群或 MDS 提供服务，该集群可以扩展以支持更大吞吐量的元数据工作负载。文件系统的客户端可以直接访问 RADOS 以读取和写入文件数据块。出于这个原因，工作负载可能会随着底层 RADOS 对象存储的大小而线性扩展；也就是说，没有网关或代理为客户端调解数据 I/O。

对数据的访问是通过 MDS 集群来协调的，MDS 集群作为由客户端和 MDS 共同维护的分布式元数据缓存状态的权限。元数据的突变由每个 MDS 聚合成一系列有效的写入 RADOS 的日志；MDS 没有在本地存储元数据状态。该模型允许在 POSIX 文件系统的上下文客户端之间进行一致和快速的协作。Ceph 文件系统工作流程如图 12-5 所示。

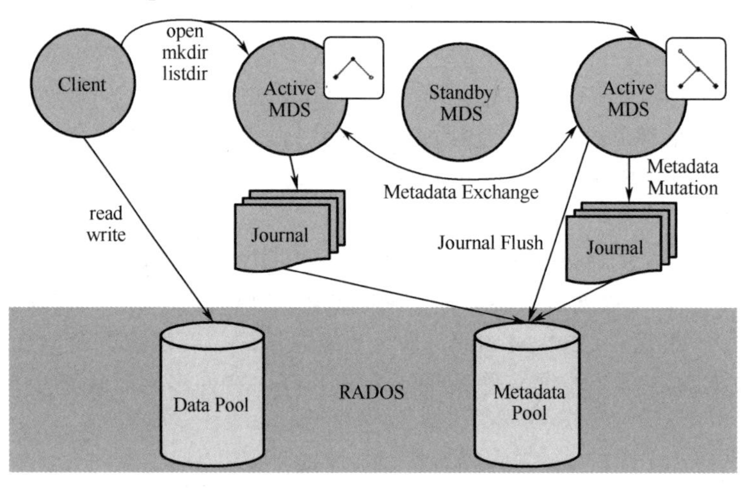

图 12-5　Ceph 文件系统工作流程

CephFS 因其新颖的设计和对文件系统研究的贡献而成为众多学术论文讨论的主题。它是 Ceph 中最古老的存储接口，曾经是 RADOS 的主要用例。现在它与另外两个存储接口结合在一起，形成了一个现代的统一存储系统：RBD（Ceph Block Devices）和 RGW（Ceph Object Storage Gateway）。

2. Ceph 块设备

块是字节序列（通常为 512）。基于块的存储接口是在 HDD、SSD、CD、软盘甚至磁带等介质上存储数据的成熟且常见的方式。无处不在的块设备接口非常适合与包括 Ceph 在内的海量数据存储进行交互。Ceph 块设备是精简配置的、可调整大小的，并将数据分条存储在多个 OSD 上。Ceph 块设备利用了 RADOS 功能，包括快照、复制和强一致性。Ceph 块存储客户端通过内核模块或 librbd 与 Ceph 集群通信。

3. Ceph 对象网关

Ceph 对象网关是一个构建在 LIBRADOS 之上的对象存储接口，LIBRADOS 用于为应用程序提供到 Ceph 存储集群的 RESTful 网关。Ceph 对象存储支持两个接口。

（1）兼容 S3：通过与 Amazon S3 的大部分子集兼容的接口提供对象存储功能。

（2）兼容 Swift：提供对象存储功能，其接口与 OpenStack Swift API 的大部分子集兼容。

Ceph 对象存储使用 Ceph 对象网关守护进程（RADOSGW），它是用于与 Ceph 存储集群交互的 HTTP 服务器。由于它提供了与 OpenStack Swift 和 Amazon S3 兼容的接口，因此 Ceph 对象网关有自己的用户管理。无论是来自 Ceph 文件系统客户端还是来自 Ceph 块设备客户端的数据，都能被 Ceph 对象网关存储在同一个 Ceph 存储集群中。S3 和 Swift API 共享一个公共命名空间，因此可以使用一组 API 写入数据并检索它。

4. Ceph 管理器守护进程

Ceph 管理器守护进程（ceph-mgr）与监视器守护进程一起运行，为外部监控和管理系统提供额外的监控和接口。

从 12.x（Luminous）Ceph 版本开始，正常操作都需要 ceph-mgr 守护进程。ceph-mgr 守护进程是 11.x（Kraken）Ceph 版本中的一个可选组件。

默认情况下，管理器守护程序不需要额外配置，只需要确保它正在运行。如果管理器守护程序没有运行，系统会提示一个健康警告，并且 Ceph status 的输出也会有缺失。

12.3.5　Ceph 的地位和未来

虽然 Ceph 现在被集成在主线 Linux 内核中，但只是标识为实验性的。在这种状态下的文件系统对测试是有用的，但是对生产环境而言没有做好准备。考虑到 Ceph 加入 Linux 内核的行列，还有其创建人想继续研发的动机，因此不久之后，它应该能用于满足海量存储需要。

12.3.6　Ceph 的搭建

1. 在 Ceph 节点上安装 Ceph 相关软件包

（1）在 Ceph1 节点上安装 Ceph 相关软件包。

```
# yum install ceph-deploy ceph python-setuptools -y
```

注： 如果 ceph-deploy 安装不上，可以到 Ceph 官网下载 ceph-deploy 的安装包，通过 yum 直接安装。

（2）在 Ceph2 节点和 Ceph3 节点上安装 Ceph 相关软件包。

```
# yum install ceph python-setuptools -y
```

（3）在每个 Ceph 节点都创建一个 Ceph 目录。

```
# mkdir cluster
```

2. 部署 Ceph 集群

通过 ceph-deploy 部署 Ceph 集群，每个存储节点有三块硬盘作为 ceph 的 osd。

```
# cd cluster
# ceph-deploy new ceph1 ceph2 ceph3                    //创建 mon
# vi /root/cluster/ceph.conf                           //修改 ceph.conf
```

添加如下内容：

```
osd_journal_size = 10000        #10GB
osd_pool_default_size = 2
```

```
osd_pool_default_pg_num = 512
osd_pool_default_pgp_num = 512
rbd_default_features = 3
mon_allow_pool_delete=true


# ceph-deploy mon create-initial                          //初始化，收集密钥
# ceph-deploy --overwrite-conf admin ceph1 ceph2 ceph3    //复制 ceph.client.admin.keyring
# ceph-deploy mgr create ceph1 ceph2 ceph3                //部署 MGR 节点
# ceph -s                                                 //查看集群状态
# ceph-deploy  osd create ceph1 --data /dev/sdb           //创建 osd
# ceph-deploy  osd create ceph1 --data /dev/sdc
# ceph-deploy  osd create ceph1 --data /dev/sdd
# ceph-deploy  osd create ceph2 --data /dev/sdb
# ceph-deploy  osd create ceph2 --data /dev/sdc
# ceph-deploy  osd create ceph2 --data /dev/sdd
# ceph-deploy  osd create ceph3 --data /dev/sdb
# ceph-deploy  osd create ceph3 --data /dev/sdc
# ceph-deploy  osd create ceph3 --data /dev/sdd
```

重启所有节点：

```
systemctl restart ceph-mon@ceph1 && systemctl restart ceph-mon@ceph2 &&
systemctl restart ceph-mon@ceph3
```

3. 配置云平台资源池

```
ceph osd pool create glance-images 128
ceph osd pool create cinder-bakcups 128
ceph osd pool create cinder-volumes 128
ceph osd pool create nova-vms 128
rbd pool init glance-images
rbd pool init cinder-bakcups
rbd pool init cinder-volumes
rbd pool init nova-vms
```

为后面 OpenStack 的 Cinder 服务、Glance 服务及 Nova 服务做准备，创建 Images 池、Volumes 池和 Vms 池，分别作为 Glance 服务、Cinder 服务和 Nova 服务的存储池。

12.4 OpenStack 搭建

12.4.1 配置 OpenStack 仓库

```
yum install centos-release-openstack-train -y
yum upgrade -y
yum install python-openstackclient -y
yum install openstack-selinux -y
```

计算节点和控制节点都需要配置且执行完毕后重启系统。

12.4.2　安装数据库

1. 在控制节点安装 Mariadb 服务，作为 OpenStack 服务的数据库存储

```
# yum install mariadb mariadb-server python2-PyMySQL -y
```

2. 修改数据库配置文件

```
# vim /etc/my.cnf.d/openstack.cnf
```

在[mysqld]部分，添加以下内容：

```
bind-address = 192.168.200.100
default-storage-engine = innodb
innodb_file_per_table = on
max_connections = 4096
collation-server = utf8_general_ci
character-set-server = utf8
```

3. 启动数据库服务和配置开机自启动

```
# systemctl enable mariadb.service
# systemctl start mariadb.service
```

4. 配置 MySQL 的密码

```
# mysql_secure_installation
```

12.4.3　安装消息队列服务

1. 在控制节点安装 Rabbitmq，作为消息队列服务

```
# yum install rabbitmq-server -y
```

2. 启动队列服务并设置开机自启动

```
# systemctl enable rabbitmq-server.service
# systemctl start rabbitmq-server.service
```

3. 创建用户和密码、权限

```
# rabbitmqctl add_user openstack 000000
# rabbitmqctl set_permissions openstack ".*" ".*" ".*".
```

12.4.4　安装 Memcached 服务

1. 在控制节点安装 Memcached 软件包

```
# yum install memcached python-memcached -y
```

2. 配置 Memcached

```
# vi /etc/sysconfig/memcached
```

修改代码：

```
OPTIONS="-l 127.0.0.1,::1,controller"
```

3. 启动 Memcached 服务并设置开机自启动

```
# systemctl enable memcached.service
# systemctl start memcached.service
```

12.4.5 安装 Etcd 服务

1. 在控制节点安装 Etcd 软件包

```
# yum install etcd -y
```

2. 配置 Etcd

```
vim /etc/etcd/etcd.conf
#[Member]
ETCD_DATA_DIR="/var/lib/etcd/default.etcd"
ETCD_LISTEN_PEER_URLS="http://192.168.200.100:2380"
ETCD_LISTEN_CLIENT_URLS="http://192.168.200.100:2379"
ETCD_NAME="controller"
#[Clustering]
ETCD_INITIAL_ADVERTISE_PEER_URLS="http://192.168.200.100:2380"
ETCD_ADVERTISE_CLIENT_URLS="http:// 192.168.200.100:2379"
ETCD_INITIAL_CLUSTER="controller=http:// 192.168.200.100:2380"
ETCD_INITIAL_CLUSTER_TOKEN="etcd-cluster-01"
ETCD_INITIAL_CLUSTER_STATE="new"
```

```
[Member]
#ETCD_CORS=""
ETCD_DATA_DIR="/var/lib/etcd/default.etcd"
#ETCD_WAL_DIR=""
ETCD_LISTEN_PEER_URLS="http://192.168.200.100:2380"
ETCD_LISTEN_CLIENT_URLS="http://192.168.200.100:2379"
#ETCD_MAX_SNAPSHOTS="5"
#ETCD_MAX_WALS="5"
ETCD_NAME="controller"
#ETCD_SNAPSHOT_COUNT="100000"
#ETCD_HEARTBEAT_INTERVAL="100"
#ETCD_ELECTION_TIMEOUT="1000"
#ETCD_QUOTA_BACKEND_BYTES="0"
#ETCD_MAX_REQUEST_BYTES="1572864"
#ETCD_GRPC_KEEPALIVE_MIN_TIME="5s"
#ETCD_GRPC_KEEPALIVE_INTERVAL="2h0m0s"
#ETCD_GRPC_KEEPALIVE_TIMEOUT="20s"

#
[Clustering]
ETCD_INITIAL_ADVERTISE_PEER_URLS="http://192.168.200.100:2380"
ETCD_ADVERTISE_CLIENT_URLS="http://192.168.200.100:2379"
#ETCD_DISCOVERY=""
#ETCD_DISCOVERY_FALLBACK="proxy"
#ETCD_DISCOVERY_PROXY=""
#ETCD_DISCOVERY_SRV=""
ETCD_INITIAL_CLUSTER="controller=http://192.168.200.100:2380"
ETCD_INITIAL_CLUSTER_TOKEN="etcd-cluster-01"
ETCD_INITIAL_CLUSTER_STATE="new"
#ETCD_STRICT_RECONFIG_CHECK="true"
#ETCD_ENABLE_V2="true"
```

3. 启动 Etcd 服务并设置开机自启动

```
# systemctl enable etcd
# systemctl start etcd
```

12.4.6　安装认证服务

1. 创建 Keystone 数据库并配置 Keystone 的访问权限

```
# mysql -uroot -p
# CREATE DATABASE keystone;
# GRANT ALL PRIVILEGES ON keystone.* TO 'keystone'@'localhost' IDENTIFIED BY '000000';
# GRANT ALL PRIVILEGES ON keystone.* TO 'keystone'@'%' IDENTIFIED BY '000000';
```

2. 安装 Keystone 软件包

```
# yum install openstack-keystone httpd mod_wsgi -y
```

3. 修改 Keystone 配置文件

```
# vi /etc/keystone/keystone.conf
[database]
connection=mysql+pymysql://keystone:000000@controller/keystone
[token]
provider = fernet
```

4. 初始化数据库

```
# su -s /bin/sh -c "keystone-manage db_sync" keystone
```

5. 初始化 Fernet keys

```
# keystone-manage fernet_setup --keystone-user keystone --keystone-group keystone
# keystone-manage credential_setup --keystone-user keystone --keystone-group keystone
```

6. 引导开启身份服务

```
# keystone-manage bootstrap --bootstrap-password 000000 \
  --bootstrap-admin-url http://controller:5000/v3/ \
  --bootstrap-internal-url http://controller:5000/v3/ \
  --bootstrap-public-url http://controller:5000/v3/ \
  --bootstrap-region-id RegionOne
```

7. 配置 Apache Http Server

（1）编辑配置文件：

```
# vim /etc/httpd/conf/httpd.conf
修改或添加:
ServerName controller
```

（2）创建/usr/share/keystone/wsgi-keystone.conf 文件链接：

```
# ln -s /usr/share/keystone/wsgi-keystone.conf /etc/httpd/conf.d/
```

8. 启动服务并设置开机自启动

```
# systemctl enable httpd.service
```

```
# systemctl start httpd.service
```

9. 配置环境变量

```
# vi /root/admin-openrc
export OS_PROJECT_DOMAIN_NAME=Default
export OS_USER_DOMAIN_NAME=Default
export OS_PROJECT_NAME=admin
export OS_USERNAME=admin
export OS_PASSWORD=000000
export OS_AUTH_URL=http://controller:5000/v3
export OS_IDENTITY_API_VERSION=3
export OS_IMAGE_API_VERSION=2
```

10. 获取 Token

```
source admin-openrc
openstack token issue
```

```
192.168.200.100 ×
[root@controller ~]# source admin-openrc
[root@controller ~]# openstack token issue
+------------+------------------------------------------------------------------------------------
----------------------------------------+
| Field      | Value
                                        |
+------------+------------------------------------------------------------------------------------
----------------------------------------+
| expires    | 2021-06-07T07:12:48+0000
                                        |
| id         | gAAAAABgvbjggsgoGSSDz2Wi6PN5mcg592rlH5d-bJZGTmUOYa3SNGMiu5zORCltVQzzBJSh-yc_uGqEVqBJe6pBoxUT
dk1nyIF6fhse_JbkrplHyI5plS5zP6AOoFm33j1Ug |
| project_id | a35f13ff3bde49aeaa0d569b91e52860
                                        |
| user_id    | e55ba6c606164e3e9e4dc3ce4f42b390
                                        |
+------------+------------------------------------------------------------------------------------
----------------------------------------+
```

11. 创建新域

```
# openstack domain create --description "An Example Domain" example
```

12. 创建一个 Server 项目

```
# openstack project create --domain default --description "Service Project" service
```

13. 创建普通用户的项目和用户

```
# openstack project create --domain default --description "Demo Project" myproject
# openstack user create --domain default --password-prompt myuser
```

14. 创建 myrole 角色

```
# openstack role create myrole
```

15. 创建 myrole 项目、角色、用户关联

```
# openstack role add --project myproject --user myuser myrole
```

16. Keystone 验证

（1）取消设置临时变量 OS_AUTH_URL 和环境变量 OS_PASSWORD：

```
# unset OS_AUTH_URL OS_PASSWORD
```

（2）以 admin 用户身份请求身份验证令牌：

```
# openstack --os-auth-url http://controller:5000/v3 --os-project-domain-name Default --os-user-domain- name Default --os-project-name admin --os-username admin token issue
```

12.4.7　安装镜像服务

1. 创建 Glance 数据库并配置权限

```
# mysql -u root -p
CREATE DATABASE glance;
GRANT ALL PRIVILEGES ON glance.* TO 'glance'@'localhost' IDENTIFIED BY '000000';
GRANT ALL PRIVILEGES ON glance.* TO 'glance'@'%' IDENTIFIED BY '000000';
```

2. 创建 Glance 服务的认证

```
# source admin-openrc
```

创建用户：

```
# openstack user create --domain default --password-prompt glance
```

创建角色：

```
# openstack role add --project service --user glance admin
```

创建 service entity 和 api endpoints：

```
# openstack service create --name glance \
  --description "OpenStack Image" image
# openstack endpoint create --region RegionOne \
  image public http://controller:9292
# openstack endpoint create --region RegionOne \
  image internal http://controller:9292
# openstack endpoint create --region RegionOne \
  image admin http://controller:9292
```

3. 安装配置 Glance 服务

Glance 服务选择 Ceph 作为后端存储：

```
# yum install -y openstack-glance ceph-common
```

4. 配置 Glance 服务

```
# vi /etc/glance/glance-api.conf
```

需要修改项：

```
 [DEFAULT]
show_image_direct_url = True
[database]
# ...
connection = mysql+pymysql://glance:000000@controller/glance
[keystone_authtoken]
# ...
```

```
www_authenticate_uri   = http://controller:5000
auth_url = http://controller:5000
memcached_servers = controller:11211
auth_type = password
project_domain_name = Default
user_domain_name = Default
project_name = service
username = glance
password = 000000
[paste_deploy]
# ...
flavor = keystone
[glance_store]
stores = rbd
default_store = rbd
rbd_store_pool = glance-images
rbd_store_user = glance
rbd_store_ceph_conf = /etc/ceph/ceph.conf
```

5. 复制 Ceph 集群配置文件(/etc/ceph/ceph.conf)到/etc/glance/

```
cp /etc/ceph/ceph.conf /etc/glance/
```

6. 初始化数据库

```
# su -s /bin/sh -c "glance-manage db_sync" glance
```

7. 在 Ceph1 节点获得 Ceph 密钥

```
ceph auth get-or-create client.glance mon 'allow r' osd 'allow class-read object_prefix rbd_children, allow rwx pool=images'
```

8. 将获得的密钥保存在/etc/glance/ceph.client.glance.keyring

```
cat /etc/glance/ceph.client.glance.keyring
[client.glance]
        key = AQD6gVRasWreLRAAPSlTc1LPIayGjPtvuK1FCw==
```

9. 启动服务并设置开机自启动

```
# systemctl enable openstack-glance-api.service
# systemctl restart openstack-glance-api.service
```

12.4.8 在控制节点安装 Cinder 服务

1. 创建 Cinder 数据库并配置 Cinder 数据库访问权限

```
# mysql -u root -p
CREATE DATABASE cinder;
GRANT ALL PRIVILEGES ON cinder.* TO 'cinder'@'localhost' IDENTIFIED BY '000000';
GRANT ALL PRIVILEGES ON cinder.* TO 'cinder'@'%' IDENTIFIED BY '000000';
```

2. 在 Keystone 中创建 Cinder 用户

在 Keystone 中创建 Cinder 用户，并将 Cinder 用户分配到 service 租户下给予 admin 的角色，创建 Cinder 服务的端点。

```
# source admin-openrc
# openstack user create --domain default --password-prompt cinder
# openstack role add --project service --user cinder admin
```

（1）创建 service（v2 和 v3）：

```
# openstack service create --name cinderv2 \
  --description "OpenStack Block Storage" volumev2
# openstack service create --name cinderv3 \
  --description "OpenStack Block Storage" volumev3
```

（2）创建 endpoint（v2 和 v3）：

```
# openstack endpoint create --region RegionOne \
  volumev2 public http://controller:8776/v2/%\(tenant_id\)s
# openstack endpoint create --region RegionOne \
  volumev2 internal http://controller:8776/v2/%\(tenant_id\)s

# openstack endpoint create --region RegionOne \
  volumev2 admin http://controller:8776/v2/%\(tenant_id\)s

# openstack endpoint create --region RegionOne \
  volumev3 public http://controller:8776/v3/%\(tenant_id\)s

# openstack endpoint create --region RegionOne \
  volumev3 internal http://controller:8776/v3/%\(tenant_id\)s

# openstack endpoint create --region RegionOne \
  volumev3 admin http://controller:8776/v3/%\(tenant_id\)s
```

3. 安装软件包

```
# yum install openstack-cinder -y
```

4. 生成一个 UUID

```
uuidgen
a76da47e-fa1e-439d-b93c-6bbae598e3df
```

5. 修改 Cinder 配置文件

```
# vim /etc/cinder/cinder.conf
[DEFAULT]
rbd_user = cinder
rbd_secret_uuid = a76da47e-fa1e-439d-b93c-6bbae598e3df
enabled_backends = ceph
transport_url = rabbit://openstack:000000@controller
my_ip = 172.16.20.24
```

```
glance_api_version = 2
auth_strategy = keystone
rbd_pool==cinder-volumes
rbd_ceph_conf=/etc/ceph/ceph.conf
rbd_flatten_volume_from_snapshot = false
rbd_max_clone_depth = 5
rbd_store_chunk_size = 4
rados_connect_timeout = -1
quota_volumes = 1000
quota_snapshots = 100
volume_driver = cinder.volume.drivers.rbd.RBDDriver
rpc_backend = rabbit
[keystone_authtoken]
www_authenticate_uri = http://controller:5000
auth_url = http://controller:5000
memcached_servers = controller:11211
auth_type = password
project_domain_name = default
user_domain_name = default
project_name = service
username = cinder
password = 000000
[backend]
[backend_defaults]
[barbican]
[brcd_fabric_example]
[cisco_fabric_example]
[coordination]
[cors]
[database]
connection = mysql+pymysql://cinder:000000@controller/cinder
[fc-zone-manager]
[healthcheck]
[key_manager]
[keystone_authtoken]
[nova]
[oslo_concurrency]
lock_path = /var/lib/cinder/tmp
[oslo_messaging_amqp]
[oslo_messaging_kafka]
[oslo_messaging_notifications]
[oslo_messaging_rabbit]
[oslo_middleware]
[oslo_policy]
[oslo_reports]
[oslo_versionedobjects]
[privsep]
[profiler]
```

```
[sample_castellan_source]
[sample_remote_file_source]
[service_user]
[ssl]
[vault]
```

6. 初始化数据库

```
# su -s /bin/sh -c "cinder-manage db sync" cinder
```

7. 编辑/etc/cinder/cinder-volume.conf 并进行配置

```
[DEFAULT]
enabled_backends=rbd-1
[rbd-1]
rbd_ceph_conf=/etc/ceph/ceph.conf
rbd_user=cinder
rbd_pool=cinder-volumes
volume_backend_name=rbd-1
volume_driver=cinder.volume.drivers.rbd.RBDDriver
rbd_secret_uuid = a76da47e-fa1e-439d-b93c-6bbae598e3df
```

8. 编辑/etc/cinder/cinder-backup.conf 并进行配置

```
[DEFAULT]
backup_ceph_conf=/etc/ceph/ceph.conf
backup_ceph_user=cinder-backup
backup_ceph_chunk_size = 134217728
backup_ceph_pool=cinder-backups
backup_driver = cinder.backup.drivers.ceph
backup_ceph_stripe_unit = 0
backup_ceph_stripe_count = 0
restore_discard_excess_bytes = true
```

9. 复制 Ceph 的配置文件(/etc/ceph/ceph.conf)到/etc/cinder

```
cp /etc/ceph/ceph.conf /etc/cinder
```

10. 生成 ceph.client.cinder.keyring 文件

在/etc/cinder/创建目录：

```
mkdir cinder-backup
mkdir cinder-volume
```

11. 在 Ceph1 节点获得 Ceph 密钥

```
ceph auth get-or-create client.cinder mon 'allow r' osd 'allow class-read object_prefix rbd_children, allow rwx pool=volumes, allow rwx pool=vms, allow rx pool=images'
```

12. 将获得的密钥保存在/etc/cinder/cinder-volume/ceph.client.cinder.keyring

```
cat /etc/cinder/cinder-volume/ceph.client.cinder.keyring
[client.cinder]
        key = AQCSZKdgSw1VMhAAVMsXyBEqX7jlA7B17/NDlQ==
```

13. 将密钥在 cinder-backup 中复制

```
cp /etc/cinder/cinder-volume/ceph.client.cinder.keyring /etc/cinder/cinder-backup
```

14. 在 Ceph1 获得 Ceph 密钥

```
ceph auth get-or-create client.cinder-backup mon 'allow r' osd 'allow class-read object_prefix rbd_children, allow rwx pool=backups'
```

15. 将获得的密钥保存在/etc/cinder/cinder-backup/ceph.client.cinder-backup.keyring

```
cat /etc/cinder/cinder-backup/ceph.client.cinder-backup.keyring
[client.cinder-backup]
        key = AQD2ZqdgXL24JBAARXFOYsCoV8lHe0mO/vClfw==
```

16. 启动服务并设置开机自启动

```
# systemctl enable openstack-cinder-api.service openstack-cinder-scheduler.service openstack-cinder- volume.service
# systemctl restart openstack-cinder-api.service openstack-cinder-scheduler.service openstack-cinder- volume.service
```

17. 验证

```
# cinder service-list
# cinder create --display-name demo-volume1 1
# cinder list
```

12.4.9 安装放置服务

1. 创建 Placement 数据库并配置权限

```
# mysql -u root -p
CREATE DATABASE placement;
GRANT ALL PRIVILEGES ON placement.* TO 'placement'@'localhost' \
  IDENTIFIED BY '000000';
GRANT ALL PRIVILEGES ON placement.* TO 'placement'@'%' \
  IDENTIFIED BY '000000';
```

2. 创建 Placement 服务的认证

```
# source admin-openrc
# openstack user create --domain default --password-prompt placement
# openstack role add --project service --user placement admin
# openstack service create --name placement \
  --description "Placement API" placement
```

3. 创建 Placement API 服务端点

```
# openstack endpoint create --region RegionOne \
  placement public http://controller:8778
# openstack endpoint create --region RegionOne \
  placement internal http://controller:8778
```

```
# openstack endpoint create --region RegionOne \
  placement admin http://controller:8778
```

4. 安装软件包

```
# yum install openstack-placement-api -y
```

5. 配置 Placement

```
 # vi /etc/placement/placement.conf
[placement_database]
# ...
connection = mysql+pymysql://placement:000000@controller/placement
[api]
# ...
auth_strategy = keystone

[keystone_authtoken]
# ...
auth_url = http://controller:5000/v3
memcached_servers = controller:11211
auth_type = password
project_domain_name = Default
user_domain_name = Default
project_name = service
username = placement
password = 000000
```

6. 填充 Placement 数据库

```
su -s /bin/sh -c "placement-manage db sync" placement
```

7. 重启 httpd 服务

```
systemctl restart httpd
```

8. Placement 验证

```
source admin-openrc
placement-status upgrade check
```

查看对应 8778 端口是否打开：

```
netstat -tnlup
```

12.4.10 安装计算服务

1. 在控制节点安装 Nova 相关服务

（1）创建 Nova 和 Nova_api 数据库并配置数据库访问权限：

```
# mysql -u root -p
CREATE DATABASE nova_api;
CREATE DATABASE nova;
CREATE DATABASE nova_cell0;
```

（2）赋予权限：

```
GRANT ALL PRIVILEGES ON nova_api.* TO 'nova'@'localhost' IDENTIFIED BY '000000';
GRANT ALL PRIVILEGES ON nova_api.* TO 'nova'@'%' IDENTIFIED BY '000000';
GRANT ALL PRIVILEGES ON nova.* TO 'nova'@'localhost' IDENTIFIED BY '000000';
GRANT ALL PRIVILEGES ON nova.* TO 'nova'@'%' IDENTIFIED BY '000000';
GRANT ALL PRIVILEGES ON nova_cell0.* TO 'nova'@'localhost' IDENTIFIED BY '000000';
GRANT ALL PRIVILEGES ON nova_cell0.* TO 'nova'@'%' IDENTIFIED BY '000000';
```

（3）在 Keystone 中配置 Nova 服务用户、租户、角色、端点等信息：

```
# source admin-openrc
# openstack user create --domain default \
  --password-prompt nova
# openstack role add --project service --user nova admin
```

（4）创建计算服务，并创建计算服务的 endpoint：

```
# openstack service create --name nova \
  --description "OpenStack Compute" compute
# openstack endpoint create --region RegionOne \
  compute public http://controller:8774/v2.1/%\(tenant_id\)s
# openstack endpoint create --region RegionOne \
  compute internal http://controller:8774/v2.1/%\(tenant_id\)s
# openstack endpoint create --region RegionOne \
  compute admin http://controller:8774/v2.1/%\(tenant_id\)s
```

（5）在控制节点安装 Nova 相关软件包：

```
# yum install openstack-nova-api openstack-nova-cert openstack-nova-conductor openstack-nova-console openstack-nova-novncproxy openstack-nova-scheduler -y
```

（6）在控制节点配置 nova.conf 文件：

```
# vim /etc/nova/nova.conf
```

示例：

```
[DEFAULT]
# ...
enabled_apis = osapi_compute,metadata
my_ip = 172.16.20.24
use_neutron = true
firewall_driver = nova.virt.firewall.NoopFirewallDriver
transport_url = rabbit://openstack:000000@controller:5672/
[api_database]
# ...
connection = mysql+pymysql://nova:000000@controller/nova_api
[database]
# ...
connection = mysql+pymysql://nova:000000@controller/nova
```

```
[api]
# ...
auth_strategy = keystone
[keystone_authtoken]
auth_url = http://controller:5000/v3
memcached_servers = controller:11211
auth_type = password
project_domain_name = Default
user_domain_name = Default
project_name = service
username = nova
password = 000000
[vnc]
enabled = true
# ...
server_listen = $my_ip
server_proxyclient_address =$my_ip
[glance]
# ...
api_servers = http://controller:9292
[oslo_concurrency]
# ...
lock_path = /var/lib/nova/tmp
[placement]
# ...
region_name = RegionOne
project_domain_name = Default
project_name = service
auth_type = password
user_domain_name = Default
auth_url = http://controller:5000/v3
username = placement
password = 000000
[scheduler]
discover_hosts_in_cells_interval = 300
[libvirt]
# ...
virt_type = qemu
images_rbd_pool=nova-vms
images_type=rbd
images_rbd_ceph_conf=/etc/ceph/ceph.conf
rbd_user=nova
rbd_secret_uuid=a76da47e-fa1e-439d-b93c-6bbae598e3df
[neutron]
# ...
auth_url = http://controller:5000
auth_type = password
project_domain_name = default
```

```
user_domain_name = default
region_name = RegionOne
project_name = service
username = neutron
password = 000000
service_metadata_proxy = true
metadata_proxy_shared_secret = 000000
```

（7）初始化数据库：

```
# su -s /bin/sh -c "nova-manage api_db sync" nova
# su -s /bin/sh -c "nova-manage db sync" nova
# su -s /bin/sh -c "nova-manage cell_v2 map_cell0" nova
# su -s /bin/sh -c "nova-manage cell_v2 create_cell --name=cell1 --verbose" nova
```

验证 nova cell0 和 cell1 是否正确注册：

```
su -s /bin/sh -c "nova-manage cell_v2 list_cells" nova
```

（8）在 Ceph1 获得 Ceph 密钥：

```
ceph auth get-or-create client.nova mon 'allow rwx' osd 'allow class-read object_prefix rbd_children, allow rwx pool=nova-vms'
```

（9）将密钥放入/etc/nova/ceph.client.nova.keyring：

```
cat /etc/nova/ceph.client.nova.keyring
[client.nova]
        key = AQCya6dg8UbtDxAASG3AvRNWCu1ZNk8hLtcdMQ==
```

（10）复制 ceph.conf cinder client keyring（Ceph 文件系统的用户的 keyring）到/etc/nova 要根据实际部署情况的 Ceph 决定。例如：

```
# cp /ceph.conf ceph01-keyring /etc/nova
```

（11）启动服务并设置开机自启动：

```
# systemctl enable openstack-nova-api.service openstack-nova-scheduler.service openstack-nova-conductor.service openstack-nova-novncproxy.service
# systemctl start openstack-nova-api.service openstack-nova-scheduler.service openstack-nova-conductor.service openstack-nova-novncproxy.service
```

2. 在计算节点安装 Nova 相关服务

（1）在各个计算节点安装 Nova 相关软件包：

```
# yum install openstack-nova-compute openstack-utils numactlceph-common -y
```

（2）配置 nova-compute 服务使用 Ceph：

```
# mkdir /etc/ceph/
```

启动 libvirt：

```
systemctl start libvirtd
systemctl enable libvirtd
```

复制控制节点/etc/ceph/下面的 ceph.*到计算节点的/etc/ceph/目录下：

```
[root@controller ceph]# ls -lh
total 20K
-rw-r--r-- 1 root root    62 Apr 20 01:31 ceph.client.admin.keyring
-rw-r--r-- 1 root root 1.4K Apr 20 01:31 ceph.conf
-rw-r--r-- 1 root root 1.2K Apr 20 01:31 nova-ceph.conf
-rwxr-xr-x 1 root root    92 Nov 21 00:17 rbdmap
-rw-r--r-- 1 root root   170 Apr 20 01:45 secret.xml
# vim secret.xml
<secret ephemeral='no' private='no'>
<uuid>a76da47e-fa1e-439d-b93c-6bbae598e3df</uuid>
<usage type='ceph'>
<name>client.admin secret</name>
</usage>
</secret>
```

配置 secret：

```
# virsh secret-define secret.xml
```

设置 secret valume 值，即 ceph admin 用户的 keyring 可以通过 cat ceph.client.admin.keyring 获取。

```
# virsh secret-set-value --secret a76da47e-fa1e-439d-b93c-6bbae598e3df --base64 AQCMdrxU+ CXeKxA
AHbML+ i1XajHvXHyUq0eO9Q==

Secret value set
```

（3）配置 libvirt，实现云主机热迁移：

```
# vim /etc/libvirt/libvirtd.conf
listen_tls = 0
listen_tcp = 1
auth_tcp = "none"
# vim /etc/sysconfig/libvirtd
LIBVIRTD_ARGS="--listen"
```

（4）配置计算节点 nova.conf 文件：

```
vi /etc/nova/nova.conf
[DEFAULT]
# ...
enabled_apis = osapi_compute,metadata
transport_url = rabbit://openstack:000000@controller
my_ip = 172.16.20.51
use_neutron = true
firewall_driver = nova.virt.firewall.NoopFirewallDriver
[api]
# ...
auth_strategy = keystone
[keystone_authtoken]
# ...
```

```
www_authenticate_uri = http://controller:5000/
auth_url = http://controller:5000/
memcached_servers = controller:11211
auth_type = password
project_domain_name = Default
user_domain_name = Default
project_name = service
username = nova
password = 000000
[vnc]
# ...
enabled = true
server_listen = 0.0.0.0
server_proxyclient_address =$my_ip
novncproxy_base_url = http://172.16.20.24:6080/vnc_auto.html
[glance]
# ...
api_servers = http://controller:9292
[oslo_concurrency]
# ...
lock_path = /var/lib/nova/tmp
[placement]
# ...
region_name = RegionOne
project_domain_name = Default
project_name = service
auth_type = password
user_domain_name = Default
project_name = service
username = nova
password = 000000
[vnc]
# ...
enabled = true
server_listen = 0.0.0.0
server_proxyclient_address =$my_ip
novncproxy_base_url = http://172.16.20.24:6080/vnc_auto.html
[glance]
# ...
api_servers = http://controller:9292
[oslo_concurrency]
# ...
lock_path = /var/lib/nova/tmp
[placement]
# ...
region_name = RegionOne
project_domain_name = Default
project_name = service
```

```
auth_type = password
user_domain_name = Default
project_name = service
username = nova
password = 000000
[vnc]
# ...
enabled = true
server_listen = 0.0.0.0
server_proxyclient_address =$my_ip
novncproxy_base_url = http://172.16.20.24:6080/vnc_auto.html
[glance]
# ...
api_servers = http://controller:9292
[oslo_concurrency]
# ...
lock_path = /var/lib/nova/tmp
[placement]
# ...
region_name = RegionOne
project_domain_name = Default
project_name = service
auth_type = password
user_domain_name = Default
auth_url = http://controller:5000/v3
username = placement
password = 000000
[libvirt]
# ...
virt_type = qemu
[libvirt]
images_type = rbd
images_rbd_pool = nova-vms
images_rbd_ceph_conf = /etc/ceph/ceph.conf
rbd_user = nova
rbd_secret_uuid = a76da47e-fa1e-439d-b93c-6bbae598e3df
disk_cachemodes="network=writeback"
```

（5）重启 libvirtd 和 compute 服务：

```
# systemctl restart libvirtd openstack-nova-compute.service
# systemctl enable libvirtd openstack-nova-compute.service
```

（6）Nova 用户认证（计算和管理）：

ssh-key nova 用户的认证还是需要的，因为在云主机冷迁移时需要两个节点之间 Nova 用户的无密码认证。

每个计算节点都要执行如下命令：

```
usermod -s /bin/bash nova
```

```
su nova
mkdir -p /var/lib/nova/.ssh
cd /var/lib/nova/
cat > .ssh/config <<EOF
Host *
StrictHostKeyChecking no
UserKnownHostsFile=/dev/null
EOF
cd .ssh/
ssh-keygen -f id_rsa -b 1024 -P ""
cp id_rsa.pub authorized_keys
```

最后将所有节点的 authorized_keys 整理为一个，存放到每个节点的/var/lib/nova/.ssh/下。

（7）将计算节点添加到单元数据库中：

```
source admin-openrc
openstack compute service list --service nova-compute
su -s /bin/sh -c "nova-manage cell_v2 discover_hosts --verbose" nova
```

（8）检查单元格 Cell 和 Placement API 是否正常运行，以及其他必要的先决条件是否到位：

```
vi /etc/httpd/conf.d/00-placement-api.conf
```

在<virtualhost *:8778="">内添加以下内容：

```
<Directory /usr/bin>
<IfVersion >= 2.4>
    Require all granted
</IfVersion>
<IfVersion < 2.4>
    Order allow,deny
    Allow from all
</IfVersion>
</Directory>
```

重启 httpd 服务：

```
systemctl restart httpd
nova-status upgrade check
```

12.4.11 在控制节点安装 Neutron 相关服务

1. 在数据库中创建 Neutron 数据库并配置 Neutron 数据库的访问权限

```
# mysql -u root -p
```

配置数据库：

```
CREATE DATABASE neutron;
GRANT ALL PRIVILEGES ON neutron.* TO 'neutron'@'localhost' IDENTIFIED BY 'NEUTRON_ DBPASS';
GRANT ALL PRIVILEGES ON neutron.* TO 'neutron'@'%' IDENTIFIED BY 'NEUTRON_ DBPASS';
```

2. 在 Keystone 中配置 Neutron 用户、租户、角色、端点等信息

```
# source admin-openrc
# openstack user create --domain default --password-prompt neutron
# openstack role add --project service --user neutron admin
# openstack service create --name neutron \
  --description "OpenStack Networking" network
# openstack endpoint create --region RegionOne \
  network public http://controller:9696
# openstack endpoint create --region RegionOne \
  network internal http://controller:9696
# openstack endpoint create --region RegionOne \
  network admin http://controller:9696
```

3. 在控制节点安装网络组建服务相关软件包

```
#yum install openstack-neutron openstack-neutron-ml2 which openvswitch openstack-neutron-openvswitchipset -y
```

4. 配置 Neutron 相关配置文件

```
# vim /etc/neutron/neutron.conf
```

示例：

```
[database]
# ...
connection = mysql+pymysql://neutron:000000@controller/neutron
[DEFAULT]
# ...
core_plugin = ml2
service_plugins = router
allow_overlapping_ips = true
transport_url = rabbit://openstack:000000@controller
auth_strategy = keystone
notify_nova_on_port_status_changes = true
notify_nova_on_port_data_changes = true
[keystone_authtoken]
# ...
www_authenticate_uri = http://controller:5000
auth_url = http://controller:5000
memcached_servers = controller:11211
auth_type = password
project_domain_name = default
user_domain_name = default
project_name = service
username = neutron
password = 000000
[nova]
# ...
auth_url = http://controller:5000
```

```
auth_type = password
project_domain_name = default
user_domain_name = default
region_name = RegionOne
project_name = service
username = nova
password = 000000
[oslo_concurrency]
# ...
lock_path = /var/lib/neutron/tmp
```

配置 Modular Layer plug-in：

```
vim /etc/neutron/plugins/ml2/ml2_conf.ini
```

示例：

```
[ml2]
# ...
type_drivers = flat,vlan,vxlan
tenant_network_types = vxlan
mechanism_drivers = linuxbridge,l2population
extension_drivers = port_security
[ml2_type_flat]
# ...
flat_networks = provider
[ml2_type_vxlan]
# ...
vni_ranges = 1:1000
[securitygroup]
# ...
enable_ipset = true
```

配置 linuxbridge_agent.ini：

```
vim /etc/neutron/plugins/ml2/linuxbridge_agent.ini
```

示例：

```
[linux_bridge]
physical_interface_mappings = provider:ens33
[vxlan]
enable_vxlan = true
local_ip = 192.168.200.100
l2_population = true
[securitygroup]
# ...
enable_security_group = true
firewall_driver = neutron.agent.linux.iptables_firewall.IptablesFirewallDriver
```

确保 Linux 内核支持网桥过滤器：

```
# vim /etc/sysctl.conf
net.bridge.bridge-nf-call-iptables = 1
net.bridge.bridge-nf-call-ip6tables = 1
# modprobe br_netfilter
# sysctl -p
```

配置 l3_agent.ini：

```
vim /etc/neutron/l3_agent.ini
```

示例：

```
[DEFAULT]
# ...
interface_driver = linuxbridge
```

配置 DHCP 代理：

```
vim /etc/neutron/dhcp_agent.ini
```

示例：

```
[DEFAULT]
# ...
interface_driver = linuxbridge
dhcp_driver = neutron.agent.linux.dhcp.Dnsmasq
enable_isolated_metadata = true
```

配置元数据代理：

```
vim /etc/neutron/metadata_agent.ini
```

示例：

```
[DEFAULT]
# ...
nova_metadata_host = controller
metadata_proxy_shared_secret = 000000
```

配置计算服务使用网络服务：

```
vim /etc/nova/nova.conf
```

示例：

```
[neutron]
# ...
auth_url = http://controller:5000
auth_type = password
project_domain_name = default
user_domain_name = default
region_name = RegionOne
project_name = service
username = neutron
```

```
password = 000000
service_metadata_proxy = true
metadata_proxy_shared_secret = 000000
```

配置软连接：

```
# ln -s /etc/neutron/plugins/ml2/ml2_conf.ini /etc/neutron/plugin.ini
```

5. 初始化数据库

```
# su -s /bin/sh -c "neutron-db-manage --config-file /etc/neutron/neutron.conf \
  --config-file /etc/neutron/plugins/ml2/ml2_conf.ini upgrade head" neutron
```

6. 开启 OVS 服务

```
# systemctl enable openvswitch.service
# systemctl start openvswitch.service
```

7. 配置桥接

```
# ovs-vsctl show
# ovs-vsctl add-br br-int
# ovs-vsctl add-br br-flat
# ip link list
# ovs-vsctl add-port br-flat eth2
# ethtool -K eth2 gro off
# ethtool -K eth3 gro off
```

8. 网卡配置

（1）管理网卡：

```
# vim ifcfg-eth0
BOOTPROTO=static
DEVICE=eth0
ONBOOT=yes
TYPE=Ethernet
IPADDR=10.78.70.104
NETMASK=255.255.0.0
GATEWAY=10.78.70.1
```

（2）存储网卡：

```
# vim ifcfg-eth1
BOOTPROTO=static
DEVICE=eth1
ONBOOT=yes
TYPE=Ethernet
IPADDR=10.10.244.101
NETMASK=255.255.255.0
```

（3）Flat 网卡：

```
# vim ifcfg-eth2
DEVICE=eth2
```

```
TYPE=OVSPort
DEVICETYPE=ovs
BOOTPROTO=none
ONBOOT=yes
OVS_BRIDGE=br-flat
IPV6INIT=no
vim ifcfg-br-flat
DEVICE=br-flat
TYPE=OVSBridge
DEVICETYPE=ovs
ONBOOT=yes
BOOTPROTO=none
```

（4）配置 VxLAN 网卡：

```
# vim ifcfg-eth3
BOOTPROTO=static
DEVICE=eth3
ONBOOT=yes
TYPE=Ethernet
IPADDR=10.0.0.101
NETMASK=255.255.0.0
```

9. 重启网络相关服务

```
# /etc/init.d/network restart
```

10. 配置 neutron-server 和 openvswitch-agent 都使用 plugin.ini

```
# sed -i 's,plugins/openvswitch/ovs_neutron_plugin.ini,plugin.ini,g' /usr/lib/systemd/system/neutron-server. service
# sed -i 's,plugins/ml2/openvswitch_agent.ini,plugin.ini,g' /usr/lib/systemd/system/neutron-openvswitch-agent. service
# systemctl daemon-reload
```

启动服务并设置开机自启动。

```
# systemctl enable neutron-server
# systemctl start neutron-server
# systemctl enable neutron-openvswitch-agent.service neutron-l3-agent.service neutron-dhcp-agent. service neutron-metadata-agent.service neutron-openvswitch-agent.service
# systemctl restart neutron-openvswitch-agent.service neutron-l3-agent.service neutron-dhcp-agent.s ervice neutron-metadata-agent.service neutron-openvswitch-agent.service
```

验证 source admin-openrc：

```
# neutron agent-list
```

12.4.12 在计算节点安装 Neutron 相关服务

1. 在计算节点安装网络组建相关软件包

```
# yum install openstack-neutron-linuxbridge ebtables ipset -y
```

2. 配置 Neutron 相关配置文件

```
# vim /etc/neutron/neutron.conf
```

示例：

```
[DEFAULT]
# ...
transport_url = rabbit://openstack:000000@controller
auth_strategy = keystone
[keystone_authtoken]
# ...
www_authenticate_uri = http://controller:5000
auth_url = http://controller:5000
memcached_servers = controller:11211
auth_type = password
project_domain_name = default
user_domain_name = default
project_name = service
username = neutron
password = 000000
[oslo_concurrency]
# ...
lock_path = /var/lib/neutron/tmp
```

3. 配置 linuxbridge_agent.ini

```
# vim /etc/neutron/plugins/ml2/linuxbridge_agent.ini
```

示例：

```
[linux_bridge]
physical_interface_mappings = provider:ens33
[vxlan]
enable_vxlan = true
local_ip = 192.168.200.101
l2_population = true
[securitygroup]
# ...
enable_security_group = true
firewall_driver = neutron.agent.linux.iptables_firewall.IptablesFirewallDriver
```

配置计算服务使用网络服务：

```
# vim /etc/nova/nova.conf
```

示例：

```
[neutron]
# ...
auth_url = http://controller:5000
auth_type = password
```

```
project_domain_name = default
user_domain_name = default
region_name = RegionOne
project_name = service
username = neutron
password = 000000
```

配置连接：

```
# ln -s /etc/neutron/plugins/ml2/ml2_conf.ini /etc/neutron/plugin.ini
```

初始化数据库权限说明：

```
/etc/neutron/的权限都是 root:neutron
chown -R root:neutron /etc/neutron/*
```

4. 开启 OVS 服务

```
# systemctl enable openvswitch.service
# systemctl start openvswitch.service
```

5. 配置桥接

```
# ovs-vsctl show
# ovs-vsctl add-br br-int
# ovs-vsctl add-br br-flat
# ip link list
# ovs-vsctl add-port br-flat eth2
# ethtool -K eth2 gro off
# ethtool -K eth3 gro off
```

6. 网卡配置

（1）管理网卡：

```
# vim ifcfg-eth0
BOOTPROTO=static
DEVICE=eth0
ONBOOT=yes
TYPE=Ethernet
```

（2）IPADDR=计算节点管理 IP：

```
NETMASK=255.255.0.0
GATEWAY=10.78.70.1
```

（3）存储网卡：

```
# vim ifcfg-eth1
BOOTPROTO=static
DEVICE=eth1
ONBOOT=yes
TYPE=Ethernet
IPADDR=10.10.244.101
NETMASK=255.255.255.0
```

（4）Flat 网卡：

```
# vim ifcfg-eth2
DEVICE=eth2
TYPE=OVSPort
DEVICETYPE=ovs
BOOTPROTO=none
ONBOOT=yes
OVS_BRIDGE=br-flat
IPV6INIT=no
vim ifcfg-br-flat
DEVICE=br-flat
TYPE=OVSBridge
DEVICETYPE=ovs
ONBOOT=yes
BOOTPROTO=none
```

（5）配置 VxLAN 网卡：

```
# vim ifcfg-eth3
BOOTPROTO=static
DEVICE=eth3
ONBOOT=yes
TYPE=Ethernet
IPADDR=10.0.0.102
NETMASK=255.255.0.0
```

7. 重启网络相关服务

```
# /etc/init.d/network restart
```

配置 neutron-server 和 openvswitch-agent 都使用 plugin.ini：

```
# sed -i 's,plugins/openvswitch/ovs_neutron_plugin.ini,plugin.ini,g' /usr/lib/systemd/system/neutron-server.service
# sed -i 's,plugins/ml2/openvswitch_agent.ini,plugin.ini,g' /usr/lib/systemd/system/neutron-openvswitch-agent.service
# systemctl daemon-reload
```

生效服务并启动服务，重启服务并设置服务开机自启动：

```
# systemctl enable neutron-server
# systemctl start neutron-server
# systemctl enable neutron-openvswitch-agent.service
# systemctl restart neutron-openvswitch-agent.service
# systemctl restart openstack-nova-compute.service
```

12.4.13　安装 Dashboard

1. 在控制节点安装 Dashboard

```
#yum install openstack-dashboard
```

2. 配置 Dashbaord

```
# vim /etc/openstack-dashboard/local_settings
```

注：整个文件内容比较多，所以只记录修改的部分。

```
OPENSTACK_HOST = "controller"
OPENSTACK_KEYSTONE_URL = "http://%s:5000/v3" % OPENSTACK_HOST
OPENSTACK_KEYSTONE_MULTIDOMAIN_SUPPORT = True
ALLOWED_HOSTS = ['*']
SESSION_ENGINE = 'django.contrib.sessions.backends.cache'
CACHES = {
    'default': {
         'BACKEND': 'django.core.cache.backends.memcached.MemcachedCache',
         'LOCATION': 'controller:11211',
    }
}
OPENSTACK_API_VERSIONS = {
    #"data-processing": 1.1,
"identity": 3,
"image": 2,
"volume": 2,
"compute": 2,
}
OPENSTACK_KEYSTONE_DEFAULT_DOMAIN = "default"
OPENSTACK_KEYSTONE_DEFAULT_ROLE = "user"
OPENSTACK_NEUTRON_NETWORK = {
    'enable_router': True,
    'enable_quotas': True,
    'enable_ipv6': True,
    'enable_distributed_router': False,
    'enable_ha_router': False,
    'enable_lb': True,
    'enable_firewall': True,
    'enable_vpn': True,
'enable_fip_topology_check': True,
…
}
TIME_ZONE = "Asia/Shanghai"
```

配置 http：

```
vim /etc/httpd/conf.d/openstack-dashboard.conf
```

添加一行：

```
WSGIApplicationGroup %{GLOBAL}
```

3. 启动服务并设置开机自启动

```
# systemctl enable httpd.service memcached.service
# systemctl restart httpd.service memcached.service
```

12.5 OpenStack 运维案例

作为一名运维工程师，主要工作是负责维护并确保整个服务的高可用性，并不断优化系统架构、提升部署效率、优化资源利用率，以提高整体的投资回报率。假如你是一名 OpenStack 运维工程师，应该从哪些方面去保证所搭建的平台能平稳、可靠地被使用？这里，我们从服务状态方面入手，做一个自动化运维脚本。该脚本主要实现定时对 OpenStack 相关服务状态进行轮询，对状态异常的服务能够重启，同时能够发送邮件提醒，在邮件的内容上能够说明在什么时间重启了什么服务、重启后该服务是否正常。这里服务重启的时间戳就显得很重要，运维人员可以根据时间戳来查看该服务异常时的日志，通过日志可以分析出该服务出现异常的原因。基于上面的思想，需要做以下几个方面的准备工作。

1. 获取 OpenStack 相关服务

（1）控制节点服务。

```
[root@controller ~]#
openstack-service list
neutron-clb-agent
neutron-dhcp-agent
neutron-l3-agent
neutron-metadata-agent
neutron-metering-agent
neutron-openvswitch-agent
neutron-qos-agent
neutron-server
neutron-vpn-agent
openstack-cinder-api
openstack-cinder-scheduler
openstack-cinder-volume
openstack-glance-api
openstack-glance-registry
openstack-nova-api
openstack-nova-cert
openstack-nova-conductor
openstack-nova-consoleauth
openstack-nova-novncproxy
openstack-nova-scheduler
```

另外，加上数据库服务和消息队列服务。

（2）计算节点服务。

计算节点相对来说服务较少，重要的有以下三个：

```
neutron-openvswitch-agent
openstack-nova-compute
libvirtd
```

邮件发送。

邮件发送配置：

```
hii=/usr/local/src/hii
logs=/usr/local/src/hii/logs
cd $logs
wget http://caspian.dotconf.net/menu/Software/SendEmail/sendEmail-v1.56.tar.gz
tar zxvf sendEmail-v1.56.tar.gz
cp $logs/sendEmail-v1.56/sendEmail /usr/sbin/
chmod +x /usr/sbin/sendEmail
cat $hii/openrc.sh
sendEmail="/usr/sbin/sendEmail"
sender=send@chinac.com
recipient=recive@chinac.com
smtp=smtp.chinac.com
cipher=xxx
```

编写测试脚本：

```
cat /opt/service_check.sh
#!/bin/bash
hii=/usr/local/src/hii
logs=/usr/local/src/hii/logs
source $hii/openrc.sh
for services in vsftpd tuned
do
service_status='systemctl status ${services}.service |grep Active |awk '{print $2}''
if[ $service_status !='active']
then
systemctl status $services > ${logs}/${services}.txt
mail -s '$services is not running' test@qq.com < $logs/${services}.txt
fi
done
```

2. 完成运维脚本

（1）编写脚本。

```
service_check.sh
#!/bin/bash
HOST_IP=10.78.70.104
date='date +%Y%m%d%H%M%S'
mkdir -p /usr/local/src/hii/logs
hii=/usr/local/src/hii
logs=/usr/local/src/hii/logs
sendEmail=/usr/sbin/sendEmail
for service in 'cat /root/service_check/*'
  do
    service_status='systemctl status ${service} |grep Active |awk '{print $2}''
    if [ $service_status != 'active' ]
      then
        date > ${logs}/$date-${service}.txt
```

```
            systemctl status $service >> ${logs}/$date-${service}.txt

            systemctl restart $service
            sleep 10
            systemctl status $service >> ${logs}/$date-${service}.txt
            if ['systemctl status ${service} |grep Active |awk '{print $2}'" != 'active' ]
              then
                object='failed'
            else
                object='started after restart'
            fi
            $sendEmail -u "$HOST_IP controller $service $object" -t  -f  -o message-content-type=text -o
message-charset=utf8 -o tls=no -o message-file=$hii/logs/$date-${service}.txt -s  -xu  -xp
        fi
    done
```

将计算节点和控制节点要监控的服务名字放到/root/service_check/下的某个文件中即可。

（2）设置定时任务。

```
[root@controller ~]# crontab -e
*/5 * * * * /root/hii/service_check.sh
```

每隔 5min 会执行一次服务检测的脚本。